Salim Aissi

Contribution au Contrôle de la Machine Asynchrone Double Alimentée

Salim Aissi

Contribution au Contrôle de la Machine Asynchrone Double Alimentée

Éditions universitaires européennes

Impressum / Mentions légales
Bibliografische Information der Deutschen Nationalbibliothek: Die Deutsche Nationalbibliothek verzeichnet diese Publikation in der Deutschen Nationalbibliografie; detaillierte bibliografische Daten sind im Internet über http://dnb.d-nb.de abrufbar.
Alle in diesem Buch genannten Marken und Produktnamen unterliegen warenzeichen-, marken- oder patentrechtlichem Schutz bzw. sind Warenzeichen oder eingetragene Warenzeichen der jeweiligen Inhaber. Die Wiedergabe von Marken, Produktnamen, Gebrauchsnamen, Handelsnamen, Warenbezeichnungen u.s.w. in diesem Werk berechtigt auch ohne besondere Kennzeichnung nicht zu der Annahme, dass solche Namen im Sinne der Warenzeichen- und Markenschutzgesetzgebung als frei zu betrachten wären und daher von jedermann benutzt werden dürften.

Information bibliographique publiée par la Deutsche Nationalbibliothek: La Deutsche Nationalbibliothek inscrit cette publication à la Deutsche Nationalbibliografie; des données bibliographiques détaillées sont disponibles sur internet à l'adresse http://dnb.d-nb.de.
Toutes marques et noms de produits mentionnés dans ce livre demeurent sous la protection des marques, des marques déposées et des brevets, et sont des marques ou des marques déposées de leurs détenteurs respectifs. L'utilisation des marques, noms de produits, noms communs, noms commerciaux, descriptions de produits, etc, même sans qu'ils soient mentionnés de façon particulière dans ce livre ne signifie en aucune façon que ces noms peuvent être utilisés sans restriction à l'égard de la législation pour la protection des marques et des marques déposées et pourraient donc être utilisés par quiconque.

Coverbild / Photo de couverture: www.ingimage.com

Verlag / Editeur:
Éditions universitaires européennes
ist ein Imprint der / est une marque déposée de
OmniScriptum GmbH & Co. KG
Heinrich-Böcking-Str. 6-8, 66121 Saarbrücken, Deutschland / Allemagne
Email: info@editions-ue.com

Herstellung: siehe letzte Seite /
Impression: voir la dernière page
ISBN: 978-3-8417-4487-6

Zugl. / Agréé par: Batna, Université hadj Lakhdar Batna, 2010

REMERCIEMENTS

Ce document présente l'ensemble des travaux effectués durant ma thèse de doctorat au sein du laboratoire de recherche LEB Batna. Cette thèse est une contribution au control de la Machine Asynchrone Double Alimentée MADA.

A ce titre, je tiens à remercier mes Encadreurs, MONSIEUR RACHID ABDESSAMED, Professeur à l'Université de Batna et directeur du laboratoire LEB, pour avoir accepter la tâche de rapporteur de cette thèse et pour le jugement scientifique qu'il a bien voulu y porter pour terminer ce travail. MONSIEUR LAMIR SAIDI, Maître de Conférences à l'Université de BATNA pour ses qualités humaines. Qu'ils trouvent ici l'expression de toute ma gratitude et reconnaissance pour les conseils et jugements scientifique avisés et l'encouragement constant qu'ils n'ont cessé de me prodiguer tout au long de ce travail.

Mes remerciements les plus sincères sont adressés à MONSIEUR MOHAMMED BOULEMDEN, Professeur à l'université de Batna, pour l'honneur qu'il m'a fait en acceptant la présidence du jury de cette thèse.

Mes vifs remerciements vont aussi à MONSIEUR KAMEL SRAÏRI, Professeur à l'université de Biskra. Je suis très honoré de sa présence dans le jury de cette thèse.

J'exprime ma grande gratitude à MONSIEUR HARKAT MOHAMED FOUZI, Maître de Conférences à l'Université de ANNABA, pour l'intérêt qu'il a porté à ce travail en acceptant de participer à ce jury.

J'adresse, également, mes remerciements à tous mes professeurs qui ont contribué à notre instruction ainsi que le staff de l'institut d'électronique à l'université de Batna, spécialement le chef de département MONSIEUR DIBI, Maître de Conférences à l'Université de BATNA

Je ne saurais terminer sans remercier chaleureusement tous mes amis et tous ceux qui ont contribué de près ou de loin à l'élaboration de ce travail.

Dédicace

Je dédié ce Modest travail :

à la mémoire de mon cher Père.

à ma chère Mère.

à ma chère Femme.

à mes Chers Enfants : Youcef, Taha, Yacine.

à Mon frères et mes sœurs.

LA TABLE DES MATIERES

Chapitre 3 : Conception d'un Régulateur Flou pour la Commande Passive

---

Chapitre 4 : Comparaison de la Commande Passive avec d'Autres Commandes

---

Annexe A

Annexe B

INTRODUCTION GENERALE

La littérature propose une multitude de structures de commandes. Chacun d'elles est dépendantes des propriétés du système à commander (cas linéaire, cas non linéaire, procédé stable, consigne d'un type donnée,…etc.) et possède ses inconvénients et ses avantages concernant les performances, coûts de réalisation,…etc.

Le cahier de charge pour l'élaboration d'une loi de commande d'un procédé physique nécessite la prise en compte de certains paramètres tels que le suivi de la consigne, le rejet de la perturbation, une marge de robustesse vis-à-vis certains paramètres du procédé à piloter.

Le procédé utilisé dans cette thèse est la machine asynchrone double alimentée MADA, ce type de machine occupe un large domaine d'application soit dans les entraînements a vitesse variable, soit dans le domaine des énergies renouvelables (énergie éolienne), elle représente une nouvelle solution dans le domaine des entraînements de forte puissance notamment ceux exigeants un large domaine de fonctionnement étendue à puissance constante.

Par ailleurs, la MADA grâce à sa double alimentation offre plusieurs possibilités de reconfiguration du mode de fonctionnement, elle présente de bonnes performances soit en fonctionnement survitesse (jusqu'à deux fois la vitesse nominale), soit en fonctionnement à basse vitesse sans capteur de vitesse. Les convertisseurs utilisés pour alimenter la MADA sont des cyclo-convertisseurs ou des onduleurs.

Plusieurs travaux et recherches ont étaient présentés pour la commande de la machine MADA en mode moteur ou en mode génératrice nous citons quelque unes.

[Chi-04] : utilise une MADA fonctionne en génératrice non autonome, alimentée par un convertisseur statique au rotor qui permet de maintenir la fréquence du stator constante, au moment de la variation de la vitesse mécanique. Utilisant la commande vectorielle de la MADA avec des régulateurs type PID et des régulateurs

6

de type floue. Les simulations effectuées donnent des résultats avec des régulateurs flous plus satisfaisants.

[POI-03], étudie une MADA en vue de l'appliquer à des systèmes de type éolien. Le stator est connecté sur le réseau triphasé tandis que le rotor est relie a un onduleur. Afin d'établir une commande de type vectorielle, l'auteur propose d'utiliser un référentiel tournant lie aux statorique. L'étude porte ensuite sur la comparaison entre un correcteur de type PI classique et un correcteur de type RST. Ces correcteurs sont mis en œuvre de façon a contrôlé les variables essentielles du système à savoir : le flux statorique et le couple. Les simulations effectuées permettent d'analyser les réponses temporelles des variables. Les critères qui permettent d'analyser ces réponses sont la recherche de la puissance active optimale, l'adaptation face à une variation de vitesse brutale, la robustesse face aux variations des paramètres électriques. Les réponses donnes par les deux régulateurs sont ainsi comparées. Les conclusions dévoilent que les deux types de régulations conduisent à des résultats équivalents. Le régulateur RST donne des meilleurs résultats en terme de robustesse vis a vis des variations paramétriques,

[Dit-05] s'intéresse à la qualité de la puissance d'une MADA dédiée à une application du type éolien. Pour cela, il propose d'améliorer la qualité des courants délivrés par la MADA en compensant leurs harmoniques. Il présente des résultats expérimentaux pour les courants avec et sans compensation pour des essais sur une machine de 4 kW et montre l'amélioration des formes d'ondes des courants et des analyses spectrales de ces mêmes courants témoignant de l'efficacité de la méthode proposée.

[PER-99] présente une MADA en mode génératrice dont les enroulements statoriques sont relies au réseau, le rotor est quant a lui connecté a un onduleur de tension. Il propose de faire une régulation asymptotique des puissances active et réactive statoriques par le biais d'une régulation des courants actif magnétisant statoriques sans négliger les termes résistifs, le repère choisi est lié à la tension statorique. Il démontre a travers des tests expérimentaux et des simulations que le

7

système est robuste ainsi que ce système est aussi bon dans la génération d'énergie que pour la traction a condition que les domaines de vitesse soient très proches de la vitesse de synchronisme.

[Tou-92] étudie la stabilité d'une MADA, notamment pour les applications éoliennes. Après avoir établi un modèle mathématique de la MADA il emploie la méthode des petites variations pour linéariser le modèle. Ensuite, l'auteur applique le critère de Routh afin d'obtenir des variations des coefficients de ce critère. L'influence de l'inertie ainsi que le rapport des tensions statoriques et rotoriques sont étudiés.

[Lec-91], il étudie la commande par orientation du flux statorique d'une MADA alimentée par deux cyclo-convertisseurs, l'un au stator et l'autre au rotor. L'application visée est la métallurgie. La magnétisation de la machine est effectuée par le rotor. Il commande ainsi le facteur de puissance du stator et le flux statorique. Il donne des résultats expérimentaux de la commande présentée. Ses principales conclusions confirment la faisabilité d'une telle configuration où les performances dynamiques de la MADA sont comparables à celles de la machine à cage. La MADA représente une nouvelle solution dans le domaine des entraînements de forte puissance notamment ceux exigeants un large domaine de fonctionnement étendue à puissance constante.

[Ghn-01] [Ghn-02], reprend la même configuration de la MADA déjà présentée par D. Lecoq. L'auteur parvient à dégager un algorithme qu'il considère comme le plus satisfaisant. Ainsi sa commande est basée sur un seul régulateur identique pour les quatre courants de la machine. Le long de son travail, il s'est basé sur une répartition de la puissance active entre le stator et le rotor afin d'optimiser le dimensionnement des convertisseurs du stator et du rotor.

[Ghn-04], l'auteur étudie l'estimation de la résistance statorique d'une MADA alimentée par deux onduleurs. Son objectif est d'améliorer les performances du fonctionnement sans capteur de vitesse et de position de la MADA vis-à-vis des variations paramétriques de la machine. L'estimation de la résistance est effectuée à

8

partir d'un modèle de référence et d'un modèle adaptatif (MRAS) utilisant les composantes du flux statoriques. Des résultats de simulation présentent les performances de la méthode adoptée et ce pour différentes valeurs de la résistance statorique.

[Bro-89] [Bro-92], étudie quant à lui une MADA alimentée par deux cyclo convertisseurs. Il présente un fonctionnement dans les quatre quadrants en précisant le fonctionnement hyper et hypo synchrone. La stratégie de commande est un contrôle vectoriel. Ses objectifs consistent à minimiser les harmoniques de couple en agissant sur la fréquence du stator et à assurer un synchronisme des champs tournants en contrôlant les phases des tensions statorique et rotorique.

[POD-00] il considère un système dont le stator et le rotor sont connectes a des onduleurs indépendants, le fonctionnement moteur est d'abord envisage Il propose de contrôler deux courants statoriques avec la méthode du champ orienté, tandis qu'une loi statique V/f sera implantée au rotor permettant ainsi de contrôler le flux et la pulsation rotorique. Il présente aussi une nouvelle loi de fréquence permettant une indépendance de la réponse du système vis à vis des variations paramétriques.

Il conclut en démontrant que le double de la puissance nominale du moteur est atteint pour une vitesse de rotation de la machine valant le double de la vitesse nominale. Des résultats expérimentaux sont présentés.

[Vid-04], reprend dans son étude la loi de répartition de puissance ainsi que la structure de la commande vectorielle présentée par [Lec-91]. Il présente une commande non linéaire de la MADA, en mode glissant. Cette stratégie de commande donne de très bons résultats par rapport à ceux obtenus avec la commande linéaire.

Notre travail est destiné pour la commande de la machine MADA sans capteur de vitesse en utilisant une technique appelée passivité présentée par plusieurs travaux de R. Ortega, celles-ci reposent (sur la reconduction de l'énergie totale du système vers une énergie désirée en injectant une énergie additive via un retour non linaire et variable dans le temps. Cette technique permet l'amélioration des régimes transitoires de démarrage et la robustesse de la structure vis-à-vis les changements des paramètres physiques de la MADA. L'utilisation des régulateurs floues dans la structure de la passivité (régulateur floue, retour de sortie floue) nous a donné plus de robustesse et performances au système comparant a d'autre techniques : commande vectoriel, commande RST, réglage floue, mode glissant, Régulateurs PID a structure variable

La thèse est organisée en 4chapitre :

Le premier chapitre concerne la modélisation de MADA. Les différentes équations aboutissant au modèle recherché sont explicitées.

Le deuxième chapitre est consacré à la définition du principe de la passivité, théorie de la commande basée sur la passivité dédiée aux systèmes physiques présentés sous la forme Lagrange Euler.

Le troisième chapitre concerne l'application de la passivité à la machine asynchrone double alimentée MADA et la synthèse du contrôleur basé sur ce principe.

Le quatrième chapitre est destiné pour l'application de la logique floue avec la passivité pour l'obtention d'une structure plus robuste en utilisant un retour de sortie non linéaire dynamique floue.

CHAPITRE 1 : MODELISATION DE LA MADA

I.1 Introduction

Un intérêt de plus en plus croissant est accordé à la machine asynchrone à double alimentation. Cet intérêt est dû aux degrés de liberté qu'elle offre du fait de l'accessibilité de son rotor et donc de la possibilité de l'alimenter par un convertisseur aussi bien du côté du stator que du côté du rotor. On peut dire que c'est une sérieuse concurrente à plusieurs machines électriques, particulièrement la machine asynchrone à cage classique. Cette dernière possède des qualités de robustesse, de coût et de simplicité ; cependant, l'insertion d'un convertisseur entre le réseau et son stator pour contrôler et transiter la totalité de la puissance générée par la machine à cage introduit un encombrement non négligeable et peut être générateur de perturbations harmoniques importantes.

La machine asynchrone à double alimentation (MADA) est utilisée, soit dans les entraînements à vitesse variable (fonctionnement moteur), soit dans les applications à fréquence constante (fonctionnement générateur).

Afin de comprendre les méthodologies de commandes développées pour la MADA, ce chapitre est dédié à la présentation de la MADA ainsi que ses différentes méthodes de configurations en passant par sa modélisation.

I.2 Topologie de la MADA

La machine asynchrone à double alimentation possède un stator analogue à celui des machines triphasées à induction (asynchrone à cage ou synchrone) contenant le plus souvent des tôles magnétiques empilées munies d'encoches dans lesquelles viennent s'insérer les enroulements. L'originalité de cette machine provient du fait que le rotor n'est plus une cage court-circuitée et coulée dans les encoches d'un empilement de tôles, mais constitué de trois bobinages placés en étoile de 120° dont

11

les extrémités sont reliées à des bagues conductrices sur lesquelles viennent frotter des balais lorsque la machine tourne[POD-00], [POI-03], [CHI-04] (figure 1-1).

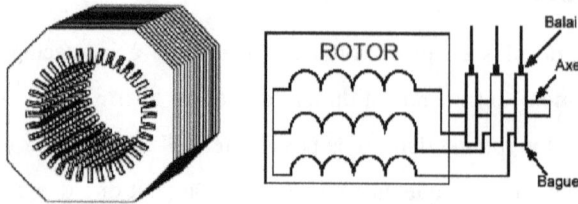

Figure 1.1 : Structure du stator et rotor dans une MADA

On peut avoir trois types de branchement de la MADA sur le réseau :

1. branchement alternateur,
2. branchement en moteur alimenté par un seul convertisseur,
3. branchement en moteur alimenté par deux convertisseurs.

I.2.1 Fonctionnement en alternateur

Dans ce type de fonctionnement, le stator est relié au réseau et le rotor est alors alimenté par un convertisseur comme le montre la figure (1.2). Cette solution permet de fournir une tension et une fréquence fixes même lors d'une fluctuation de la vitesse.

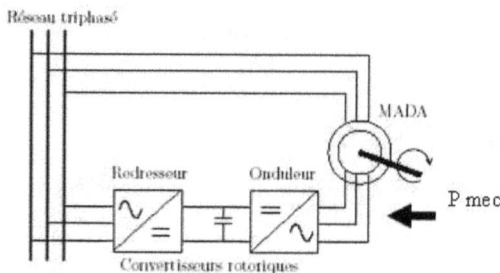

Figure 1.2 : Fonctionnement MADA en alternateur

I.2.2 Fonctionnement en moteur avec un convertisseur

Dans ce type de fonctionnement (Figure 1.3), le stator est relié au réseau à fréquence et à tension constantes et le rotor est alimenté par un convertisseur qui peut être un onduleur. Cela permet de changer la vitesse en variant la fréquence d'alimentation des enroulements rotoriques, ce qui conduit à un fonctionnement moteur sur une grande plage de variation de la vitesse.

L'utilisation de la MADA permet de réduire la taille de ces convertisseurs, et la consommation de puissance réactive est par conséquent réduite.

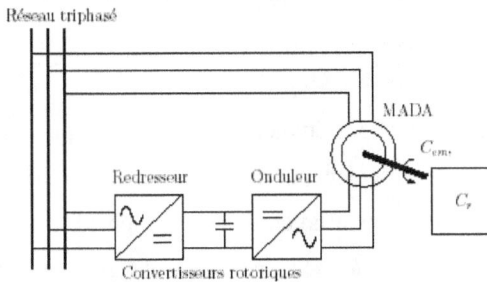

Figure1.3 : Fonctionnement MADA en moteur avec un seul convertisseur

I.2.3 Fonctionnement en moteur avec deux convertisseurs

L'introduction de deux convertisseurs, un au rotor et un au stator (Figure 1.4), permet de fonctionner la MADA en mode moteur à vitesse variable avec hautes performances [CHI-04]. Ces deux convertisseurs seront toutefois identiques mais peuvent être de puissances différentes. L'originalité de ce principe est d'optimiser aussi la charge conférée aux deux convertisseurs ; dans ce cas le rapport de transformation de la machine sera de 1 et la machine sera alimentée de façon symétrique permettant ainsi un fonctionnement à couple constant et à puissance constante.

13

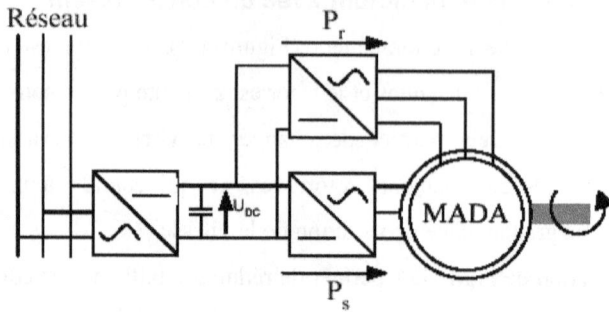

Figure 1.4 : Fonctionnement MADA en moteur avec deux convertisseurs

I.3 Modélisation de la MADA

La machine que nous allons étudier a une mise en équations correspondant à la structure de principe représentée par la figure 1.5. Les armatures statoriques et rotoriques sont munies chacune d'un enroulement triphasé. Les trois enroulements du stator a_s, b_s, et c_s sont représentés schématiquement à côté de leurs axes magnétiques respectifs ; il en est de même pour les enroulements rotoriques a_r, b_r et c_r. Le symbole θ représente l'angle entre les phases statoriques et rotoriques.

Pour l'étude de la MADA idéalisée, on émet les hypothèses simplificatrices suivantes :

1. Les forces magnétomotrices créées par chaque phase du stator ou du rotor ont une forme sinusoïdale.

2. L'effet de la variation de température sur les résistances statoriques et rotoriques est négligeable.

3. Le circuit magnétique est non saturé. L'hystérésis et les courants de Foucault sont négligeables.

4. On néglige l'effet de peau.

14

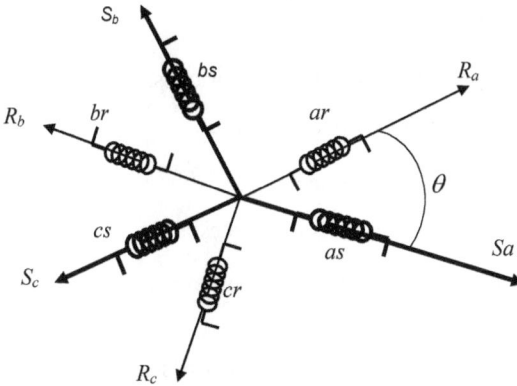

Figure 1.5 : Représentation de la MADA dans le système triphasé.

I.3.1 Modèle triphasé de la MADA

D'après la figure 1.5, on peut écrire les équations suivantes pour le stator [AIS-02] :

$$V_{as} = R_s I_{as} + \frac{d\phi_{as}}{dt}$$

$$V_{bs} = R_s I_{bs} + \frac{d\phi_{bs}}{dt} \quad (1.1)$$

$$V_{cs} = R_s I_{cs} + \frac{d\phi_{cs}}{dt}$$

Les indices as, bs et cs représentent les phases statoriques.

ϕ_{as}, ϕ_{bs} et ϕ_{cs} : flux traversant les phases statoriques.

R_s désigne la résistance de chaque phase du stator.

$[I_{abc}] = [I_{as} \quad I_{bs} \quad I_{cs}]^T$: vecteur des courants statoriques.

$V_S = [V_{as} \quad V_{bs} \quad V_{cs}]^T$: vecteur des tensions aux bornes des phases statoriques.

De même pour le rotor, on peut écrire les équations suivantes :

$$V_{ar} = R_r I_{ar} + \frac{d\phi_{ar}}{dt}$$

$$V_{br} = R_r I_{br} + \frac{d\phi_{br}}{dt} \quad (1.2)$$

15

$$V_{cr} = R_r I_{cr} + \frac{d\phi_{cr}}{dt}$$

Les indices *ar, br, cr* représentent les phases rotoriques.

ϕ_{ar}, ϕ_{br} et ϕ_{cr} : flux traversant les phases rotoriques.

R_r désigne la résistance de chaque phase du rotor.

$[I_{ABC}] = \begin{bmatrix} I_{ar} & I_{br} & I_{cr} \end{bmatrix}^T$: vecteur courants rotoriques.

$V_r = \begin{bmatrix} V_{ar} & V_{br} & V_{cr} \end{bmatrix}^T$: vecteur des tensions aux bornes des phases rotoriques.

Par ailleurs, les vecteurs flux peuvent être écrits sous la forme :

$$[\phi_{abc}] = [L_s][I_{abc}] + [L_{sr}][I_{ABC}] \tag{1.3}$$

$$[\phi_{ABC}] = [L_r][I_{ABC}] + [L_{sr}][I_{abc}] \tag{1.4}$$

où :

$[L_s]$: Matrice des inductances propres des phases du stator.

$[L_r]$: Matrice des inductances propres des phases du rotor.

$[L_{sr}]$: Matrice des inductances mutuelles entre phases du stator et celles du rotor.

Les vecteurs $[L_s]$, $[L_r]$ et $[L_{sr}]$ s'expriment sous la forme :

$$[L_s] = \begin{bmatrix} L_{aa} & L_{ab} & L_{ab} \\ L_{ab} & L_{aa} & L_{ab} \\ L_{ab} & L_{ab} & L_{aa} \end{bmatrix} \qquad [L_r] = \begin{bmatrix} L_{AA} & L_{AB} & L_{AB} \\ L_{AB} & L_{AA} & L_{AB} \\ L_{AB} & L_{AB} & L_{AA} \end{bmatrix} \tag{1.5}$$

$$[L_{sr}] = L_{aA} \begin{bmatrix} cos\theta & cos(\theta + 2\pi/3) & cos(\theta - 2\pi/3) \\ cos(\theta - 2\pi/3) & cos\theta & cos(\theta + 2\pi/3) \\ cos(\theta + 2\pi/3) & cos(\theta - 2\pi/3) & cos\theta \end{bmatrix} = L_{aA}[C] \tag{1.6}$$

avec :

L_{aa} : inductance propre d'une phase du stator.

L_{ab} : inductance mutuelle entre deux phases du stator.

L_{AA} : inductance propre d'une phase du rotor.

16

L_{AB} : inductance mutuelle entre deux phases du rotor.

L_{aA} : le maximum d'inductance mutuelle entre deux phases du stator et du rotor (maximum atteint quand leurs axes coïncident).

En introduisant les équations 1.5 et 1.6 dans 1.3 et 1.4 on obtient :

$$[V_s] = R_s[I_{abc}] + [L_s]\frac{d}{dt}[I_{abc}] + \frac{d}{dt}([L_{sr}][I_{ABC}]) \tag{1.7}$$

$$[V_r] = R_r[I_{ABC}] + [L_r]\frac{d}{dt}[I_{ABC}] + \frac{d}{dt}([L_{sr}][I_{abc}]) \tag{1.8}$$

L'angle θ est une donnée géométrique variable puisqu'elle est liée à la rotation du rotor de la machine. Les coefficients des inductances mutuelles entre les phases statoriques et rotoriques sont donc toujours variables en fonction du temps. Pour obtenir les expressions de la machine en fonction des grandeurs électriques continues et des paramètres physiques, il faut considérer les équations de la machine dans un repère où le rotor devient fixe par rapport au stator ; c'est ce qui est réalisé par la transformation de Park (voir annexe A pour plus de détails).

I.3.2 Transformation de Park

La transformation de Park permet de transformer le modèle triphasé (S, R) de la MADA en un modèle biphasé (μ, v). Le repère (μ,v) sera considéré comme nouveau repère.

La transformation de Park explicitée dans l'annexe A permet d'introduire la matrice P_r et son inverse de la manière suivante :

$$P_r^{-1} = \begin{bmatrix} \cos\theta_a & -\sin\theta_a & 1 \\ \cos(\theta_a - 2\pi/3) & -\sin(\theta_a - 2\pi/3) & 1 \\ \cos(\theta_a + 2\pi/3) & -\sin(\theta_a + 2\pi/3) & 1 \end{bmatrix} \tag{1.9}$$

Le symbole θ_a représente l'angle entre les repères biphasé et triphasé.

17

$$\begin{bmatrix} X_A \\ X_B \\ X_C \end{bmatrix} = P_r^{-1} \begin{bmatrix} X_\mu \\ X_v \\ X_o \end{bmatrix} \quad\quad (1.10)$$

La grandeur X peut être soit le courant I, soit la tension V ou le flux Φ.

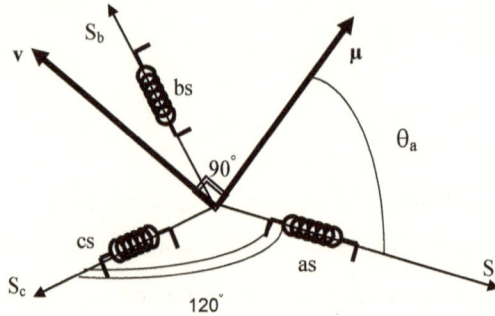

Figure 1.6 : Passage du système triphasé au système biphasé.

L'application de la transformation de Park aux courants permet d'écrire les relations suivantes :

$$\begin{bmatrix} I_A \\ I_B \\ I_C \end{bmatrix} = P_r^{-1} \begin{bmatrix} I_\mu \\ I_v \\ I_o \end{bmatrix} \quad ; \quad \begin{bmatrix} I_\mu \\ Iv \\ I_o \end{bmatrix} = P_r \begin{bmatrix} I_A \\ I_B \\ I_C \end{bmatrix} \quad\quad (1.11)$$

I.3.3 Choix du référentiel

Il existe plusieurs possibilités dans le choix d'un repère (μ, v) par la transformation de Park. Ce choix dépend des objectifs de l'application.

Soient θ_S et θ_r les angles électriques respectifs entre (S_a, μ) et (R_A, O_μ) avec S_a, R_A représentent les axes statorique et rotoriques de la phase"a" respectivement. Le choix d'un repère est lié aux grandeurs à considérer :

1. axes tournants à la vitesse du rotor ($\theta_r = 0$) : étude des grandeurs statoriques.
2. axes liés au stator ($\theta_s = 0$) : étude des grandeurs rotoriques, repère α, β
3. axes solidaires du champ tournant : étude de la commande, repère d, q

18

C'est cette dernière solution qui fait correspondre les grandeurs continues aux grandeurs sinusoïdales du régime permanent. Les conceptions du contrôle vectoriel par orientation du flux sont basées sur ce choix.

On désigne par :

$\omega_s = d\theta_s / dt$ la vitesse angulaire des axes (μ, v) dans le repère statorique S_{abc}.

$\omega_r = d\theta_r / dt$ la vitesse angulaire des axes (μ, v) dans le repère rotorique R_{ABC}.

$\omega_s - \omega_r = \omega_m = P\Omega$ la vitesse de rotation.

ω_m est la vitesse angulaire électrique du rotor.

où :

P est le nombre de paires de pôles dans la machine.

Ω est la vitesse de rotation mécanique.

En se servant du Toolbox Simulink de Matlab, on peut passer d'un repère (d, q) vers le repère α, β et vice versa [AIS-02].

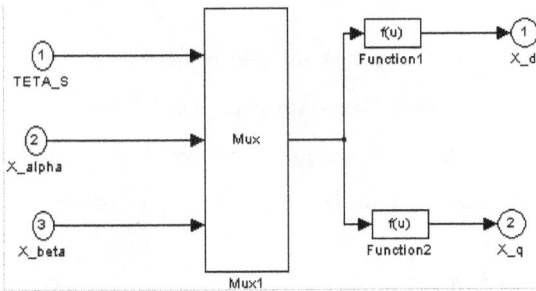

Figure 1.7 : Passage du système α, β au système d, q

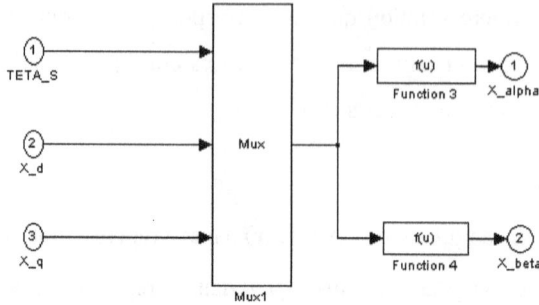

Figure 1.8 : Passage du système (d, q) au système (α, β)

avec:

Function1= cos(TETA_s)*x_alpha+sin(TETA_s)*x_béta

Function2 = -sin(TETA_s)* x_alpha +cos(TETA_s)*x_béta

Function3= cos(TETA_s)*x_d+sin(TETA_s)*x_q

Function4= -sin(TETA_s)* x_d +cos(TETA_s)*x_q

TETA_s est la position du rotor mesurée en radian

Remarque :

- *Le repère (μ, v) tourne à vitesse $\omega_r - \omega_m$ par rapport au rotor.*

- *Cette transformation permet l'invariance des amplitudes.*

- *La transformation de Park modifiée permet l'invariance de la puissance instantanée P_e dans les deux systèmes triphasé et biphasé.*

I.4 Modèle de la MADA à deux axes

Dans ce qui suit nous allons donner les équations de la MADA dans le système biphasé en utilisant la transformation de Park.

Les équations de notre modèle s'écrivent :

$$[V_s] = R_s [I_{abc}] + \frac{d}{dt}[\phi_{abc}]$$ 　　　(1.12)

$$[V_r] = R_r [I_{ABC}] + \frac{d}{dt}[\phi_{ABC}]$$ 　　　(1.13)

En multipliant les deux équations par P_r des deux côtés il vient que :

$$P_r[V_s] = R_s P_r[I_{abc}] + P_r \frac{d[\phi_{abc}]}{dt} \qquad (1.14)$$

$$P_r[V_r] = R_r P_r[I_{ABC}] + P_r \frac{d[\phi_{ABC}]}{dt} \qquad (1.15)$$

D'autre part on a :

$$P_r \frac{d}{dt}[\phi_{abc}] = \frac{d}{dt}([P_r \phi_{abc}]) - \frac{d}{dt} P_r[\phi_{abc}] \qquad (1.16)$$

$$P_r \frac{d}{dt}[\phi_{ABC}] = \frac{d}{dt}([P_r \phi_{ABC}]) - \frac{d}{dt} P_r[\phi_{ABC}] \qquad (1.17)$$

En remplaçant 1.16 et 1.17 dans 1.14 et 1.15 [AIS-02], on obtient :

$$\begin{bmatrix} V_{s\mu} \\ V_{s\nu} \end{bmatrix} = R_s \begin{bmatrix} I_{s\mu} \\ I_{i\nu} \end{bmatrix} + \begin{bmatrix} \dfrac{d\phi_{s\mu}}{dt} & -\omega_a \phi_{s\nu} \\ \dfrac{d\phi_{s\nu}}{dt} & +\omega_a \phi_{s\mu} \end{bmatrix} \qquad (1.18)$$

$$\begin{bmatrix} V_{r\mu} \\ V_{r\nu} \end{bmatrix} = R_r \begin{bmatrix} I_{r\mu} \\ I_{r\nu} \end{bmatrix} + \begin{bmatrix} \dfrac{d\phi_{r\mu}}{dt} & -(\omega_a - \omega_m)\phi_{r\nu} \\ \dfrac{d\phi_{r\nu}}{dt} & +(\omega_a - \omega_m)\phi_{r\mu} \end{bmatrix} \qquad (1.19)$$

En choisissant un repère fixe par rapport au champ tournant $(\mu,\nu)=(d,q)$, la vitesse de rotation $\omega_a = \dfrac{d\theta_a}{dt}$ devient ω_s, on obtient alors respectivement :

- Les composantes du flux statorique :

$$\phi_{sd} = L_s I_{ds} + L_{sr} I_{dr}$$
$$\phi_{sq} = L_s I_{qs} + L_{sr} I_{qr}$$

- Les composantes du flux rotorique :

$$\phi_{rd} = L_r I_{rd} + L_{sr} I_{sd}$$
$$\phi_{rq} = L_s I_{sq} + L_{sr} I_{rq}$$

- Les équations de fonctionnement du rotor :

$$V_{rd} = R_r I_{rd} + L_r \frac{dI_{rd}}{dt} + L_{sr} \frac{dI_{sd}}{dt} - (\omega_s - \omega_m)L_r I_{rq} - (\omega_s - \omega_m)L_{sr} I_{sq} \qquad (1.20)$$

$$V_{rq} = R_r I_{rq} + L_r \frac{dI_{rq}}{dt} + L_{sq} \frac{dI_{sq}}{dt} + (\omega_s - \omega_m)L_r I_{rd} + (\omega_s - \omega_m)L_{sr} I_{sd} \qquad (1.21)$$

- Les équations de fonctionnement du stator :

$$V_{sd} = R_s I_{sd} + L_s \frac{dI_{sd}}{dt} + L_{sr} \frac{dI_{rd}}{dt} - \omega_s L_s I_{sq} - \omega_s L_{sr} I_{rq} \qquad (1.22)$$

$$V_{sq} = R_s I_{sq} + L_s \frac{dI_{sq}}{dt} + L_{sr} \frac{dI_{rq}}{dt} + \omega_s L_s I_{sd} + \omega_s L_{sr} I_{rd} \qquad (1.23)$$

I.4.1 Mise en équation d'état du modèle de la MADA

Il existe une multitude de façons de choisir les variables d'état dans un système donné. En général, le choix est fixé par l'utilisateur suivant ses besoins dans l'étude et la conception de sa commande.

Dans ce qui suit on peut choisir les courants statoriques, les courants rotoriques et la vitesse mécanique comme variables d'état : I_{ds} ; I_{qs} ; I_{dr} ; I_{qr} ; Ω

Les équations 1.20, 1.21, 1.22 et 1.23 permettent d'écrire :

$$\begin{bmatrix} V_{sd} \\ V_{sq} \\ V_{rd} \\ V_{rq} \end{bmatrix} = Z(\omega_m) \begin{bmatrix} I_{sd} \\ I_{sq} \\ I_{rd} \\ I_{rq} \end{bmatrix} + [L] \begin{bmatrix} \dfrac{dI_{sd}}{dt} \\ \dfrac{dI_{sq}}{dt} \\ \dfrac{dI_{rd}}{dt} \\ \dfrac{dI_{rq}}{dt} \end{bmatrix} \qquad (1.24)$$

avec

$$Z(\omega_m) = \begin{bmatrix} R_s & -\omega_s L_s & 0 & -\omega_s L_{sr} \\ \omega_s L_s & R_s & \omega_s L_{sr} & 0 \\ 0 & -(\omega_s - \omega_m)L_{sr} & R_s & -(\omega_s - \omega_m)L_r \\ (\omega_s - \omega_m)L_{sr} & 0 & (\omega_s - \omega_m)L_{sr} & R_r \end{bmatrix}$$

$Z(\omega_m)$: Matrice impédance en fonction de ω_m (vitesse mécanique).

$$[L] = \begin{bmatrix} L_s & 0 & L_{sr} & 0 \\ 0 & L_s & 0 & L_{sr} \\ L_{sr} & 0 & L_r & 0 \\ 0 & L_{sr} & 0 & L_r \end{bmatrix} : \text{matrice d'inertie électrique.}$$

Si on pose :

$$\begin{bmatrix} V_{sd} & V_{sq} & V_{rd} & V_{rq} \end{bmatrix}^T = [V]: \text{vecteur de commande}$$

$$\begin{bmatrix} I_{sd} & I_{sq} & I_{rd} & I_{rq} \end{bmatrix}^T = [X] : \text{vecteur d'état}$$

L'équation 1.24 devient :

$$[V] = Z(\omega_m)[X] + [L][\dot{X}]$$

et il vient que :

$$[L][\dot{X}] = -Z(\omega_m)[X] + [V]$$

En multipliant les membre de l'égalité précédente par $[L]^{-1}$, on aura :

$$\dot{X} = -[L]^{-1} Z(\omega_m)[X] + [L]^{-1}[V] \qquad (1.25)$$

On pose :

$$A = -[L]^{-1}[Z(\omega_m)]$$
$$B = [L]^{-1}$$

Pour la MADA, deux équations peuvent être prises en compte : l'équation électrique et l'équation mécanique (ou de mouvement).

En utilisant les équations 1.24 et 1.25 on aboutit finalement à la représentation d'état suivante :

$$\dot{X} = AX + BU \qquad (1.26)$$

avec :

$$X = \begin{bmatrix} I_{sd} \\ I_{sq} \\ I_{rd} \\ I_{rq} \end{bmatrix}, \; U = \begin{bmatrix} V_{sd} \\ V_{sq} \\ V_{rd} \\ V_{rq} \end{bmatrix}$$

$$A = \begin{bmatrix} \dfrac{-1}{\sigma T_s} & \omega_r + \dfrac{\omega_m}{\sigma} & \dfrac{L_{sr}}{\sigma L_s T_r} & \dfrac{L_{sr}\omega_r}{\sigma L_s} \\[3mm] -(\omega_r + \dfrac{\omega_m}{\sigma}) & \dfrac{-1}{\sigma T_s} & \dfrac{-L_{sr}\omega_m}{\sigma L_s} & \dfrac{L_{sr}}{\sigma L_s T_r} \\[3mm] \dfrac{L_{sr}}{\sigma L_r T_r} & \dfrac{-L_{sr}\omega_m}{\sigma L_r} & \dfrac{-1}{\sigma T_r} & \omega_r - \dfrac{L^2{}_{sr}\omega_m}{\sigma L_s L_r} \\[3mm] \dfrac{L_{sr}\omega_m}{\sigma L_r} & \dfrac{L_{sr}}{\sigma L_r T_r} & -\omega_r + \dfrac{L^2{}_{sr}\omega_m}{\sigma L_s L_r} & \dfrac{-1}{\sigma T_r} \end{bmatrix}$$

$$B = \begin{bmatrix} \dfrac{1}{\sigma L_s} & 0 & \dfrac{-L_{sr}}{\sigma L_s L_r} & 0 \\[3mm] 0 & \dfrac{1}{\sigma L_s} & 0 & \dfrac{-L_{sr}}{\sigma L_s L_r} \\[3mm] \dfrac{-L_{sr}}{\sigma L_s L_r} & 0 & \dfrac{1}{\sigma L_s} & 0 \\[3mm] 0 & \dfrac{-L_{sr}}{\sigma L_s L_r} & 0 & \dfrac{1}{\sigma L_s} \end{bmatrix}$$

σ représente le coefficient de dispersion tel que :

$$\sigma = L_r(1 - \dfrac{L_{sr}}{L_s . L_r})$$

En général, on peut passer d'une représentation d'état à une autre en utilisant le principe de similitude des modèles d'état en automatique [BOR-90]. On peut, par exemple, prendre un des vecteurs d'état suivants :

$$X = \begin{bmatrix} I_{sd} \\ I_{sq} \\ I_{rd} \\ I_{rq} \end{bmatrix}, \quad X_1 = \begin{bmatrix} I_{sd} \\ I_{sq} \\ \phi_{rd} \\ \phi_{rq} \end{bmatrix}, \quad X_2 = \begin{bmatrix} \phi_{sd} \\ \phi_{sq} \\ \phi_{rd} \\ \phi_{rq} \end{bmatrix}, \quad X_3 = \begin{bmatrix} I_{sd} \\ I_{sq} \\ \phi_{sd} \\ \phi_{sq} \end{bmatrix}$$

Prenons l'exemple du système dont l'état est X_1 :

L'état X_1 peut être calculé selon la relation $X_1 = T X$ où T représente la matrice de transformation.

24

$$\begin{bmatrix} I_{sd} \\ I_{sq} \\ \phi_{rd} \\ \phi_{rq} \end{bmatrix} = \begin{bmatrix} I_{sd} \\ I_{sq} \\ L_r I_{rd} + L_{sr} I_{sd} \\ L_r I_{rq} + L_{sr} I_{sq} \end{bmatrix} \quad (1.27)$$

$$T = \begin{bmatrix} 1 & 0 & 0 & 0 \\ 0 & 1 & 0 & 0 \\ L_{sr} & 0 & L_r & 0 \\ 0 & L_{sr} & 0 & L_r \end{bmatrix}$$

Le principe de similitude [BOR-90] exige que la matrice T soit inversible ; si cette condition est vérifiée, on peut alors passer d'un système à un autre comme le montre les équations suivantes :

$$\dot{X} = AX + BU$$

comme :

$$X = T^{-1} X_1$$

on aura finalement :

$$T^{-1} \dot{X}_1 = AT^{-1} X_1 + BU$$

et en multipliant par T les deux membres de l'égalité on obtient :

$$\dot{X}_1 = TAT^{-1} X_1 + TBU$$

Le nouveau système d'équations d'état s'écrit alors :

$$\dot{X}_1 = A_1 X_1 + B_1 U \quad (1.28)$$

I.4.2 Equation de mouvement de la MADA

Pour étudier les caractéristiques dynamiques de la machine (couple, vitesse), la résolution de l'équation du mouvement est impérative.

L'équation du mouvement de la machine est donnée par :

$$C_{em} - C_r = J \frac{d\Omega_m}{dt} \quad (1.29)$$

25

avec :

C_{em} : Couple électromagnétique.

C_r : Couple statique.

Ω_m : Vitesse angulaire.

J : Moment d'inertie.

Par ailleurs, la vitesse angulaire mécanique Ω_m est liée à la vitesse angulaire électrique ω_m par :

$$\Omega_m = \frac{\omega_m}{P} \tag{1.30}$$

On obtient finalement l'équation suivante :

$$\frac{d\omega_m}{dt} = \frac{P}{J}\left(C_{em} - C_r\right) \tag{1.31}$$

I.4.3 Expressions de la puissance et du couple électromagnétiques

Dans le système (d,q), la puissance s'exprime sous la forme suivante :

$$P_e = \frac{3}{2}\left(V_{sd}I_{sd} + V_{sq}I_{sq}\right) \tag{1.32}$$

Elle peut également s'exprimer sous la forme suivante :

$$P_e = \frac{3}{2}R_s\left(I_{sd}^{\,2} + I_{sq}^{\,2}\right) + \frac{3}{2}\left(\frac{d\phi_{sd}}{dt}I_{sd} + \frac{d\phi_{sq}}{dt}I_{sq}\right) + \frac{3}{2}\omega_s\left(\phi_{sd}I_{sq} - \phi_{sq}I_{sd}\right) \tag{1.33}$$

La puissance électromagnétique est :

$$P_{em} = \frac{3}{2}\omega_s\left(\phi_{sd}I_{sq} - \phi_{sq}I_{sd}\right) \tag{1.34}$$

En remplaçant ϕ_{sd} et ϕ_{sq} par leurs expressions nous obtenons [CHA-84]:

$$P_{em} = \frac{3}{2}\omega_s L_{sr}\left(I_{sq}I_{rd} - I_{sd}I_{rq}\right) \tag{1.35}$$

Le couple électromagnétique est donné par :

26

$$C_{em} = \frac{P_{em}}{\Omega_s} = \frac{P_{em} P}{\omega_s} \qquad (1.36)$$

$$C_{em} = \frac{3}{2} PL_{sr} \left(I_{sq} I_{rd} - I_{sd} I_{rq} \right) = \left(\frac{3PL_m}{2L_r} \right) \left(\phi_{sd} I_{qs} - \phi_{qr} I_{ds} \right) \qquad (1.37)$$

I.5 Simulation numérique de la structure étudiée

Afin d'étudier le fonctionnement de la MADA, nous introduisons le modèle représenté par les équations du système 1.26 et 1.37 sous forme de schéma bloc suivant :

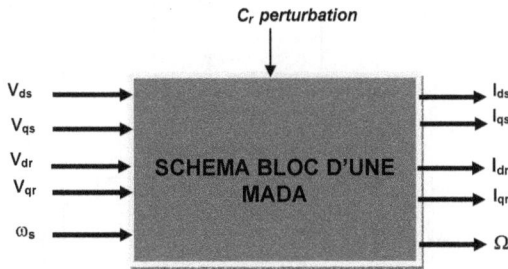

Figure 1.9 : Schéma fonctionnel de la MADA

La simulation a été menée sous les conditions suivantes :

- Le passage du repère $(d\text{-}q)$ au référentiel $(\alpha\text{-}\beta)$ est assuré par la transformation de la figure 1.8.

- La machine étant alimentée par une tension nominale $\begin{bmatrix} V_s & V_r \end{bmatrix}^T$ où $V_s = 220\sqrt{2}$ en utilisant le référentiel (α, β) et la pulsation $\omega_s = 2.\pi.50\,\text{Hz} = 100\pi$ rd/s. La tension V_r est une faible tension avec différentes valeurs de fréquences.

- Démarrage à vide ($C_r=0\ Nm$), utilisation de charge nominale ($C_r=10\ N.M.$).

- Les paramètres de la machine utilisée sont cités dans l'annexe C.

27

Les figures (1.10, 1.11, 1.12) représentent les résultats de simulation de la machine double alimentée en boucle ouverte en appliquant des tensions statoriques nominales et rotoriques faibles amplitudes avec différentes valeurs de fréquences.

✓ Pour V_r=5v et f=5hz, chargée avec un couple résistant C_r=10Nm à t=0.5s on obtient les résultats suivants :

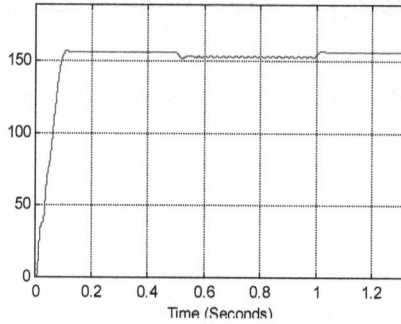

Figure1.10a : vitesse de rotation

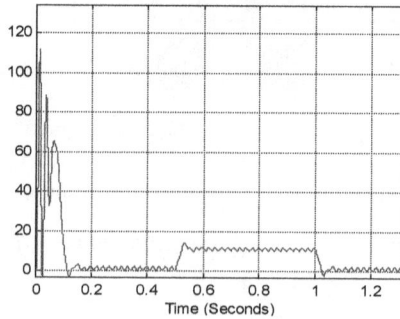

Figure 1.10b : Couple Electromagnétique

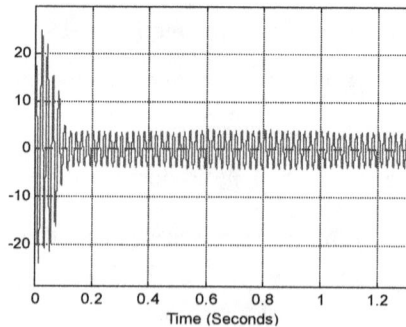

Figure1.10c : Courant statorique phase A

28

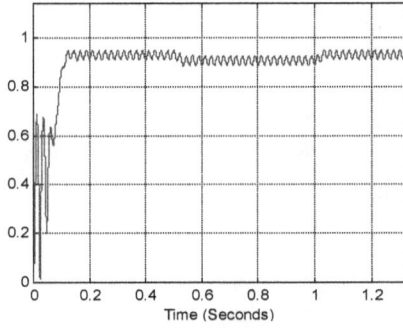

Figure 1.10d : Flux rotorique

✓ Pour un rotor d'une MADA court-circuité au démarrage, puis alimenté après un temps $t=0.5$s de tension $V_r=10$v, $f=5$ Hz,, chargé de $C_r=10$Nm à $t=1$s on obtient les résultats suivants :

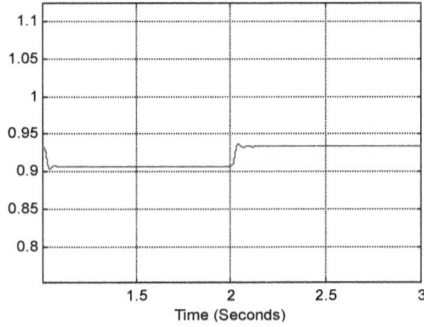

Figure 1.11a : Flux rotorique

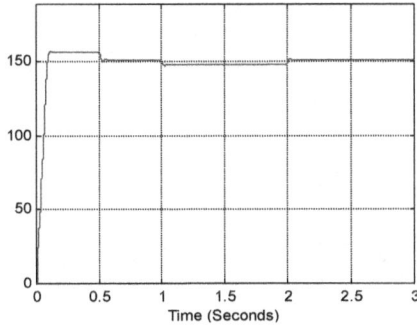

Figure 1.11b : vitesse de rotation

29

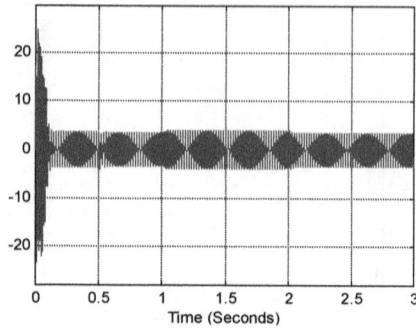

Figure 1.11c : Courant statorique phase A

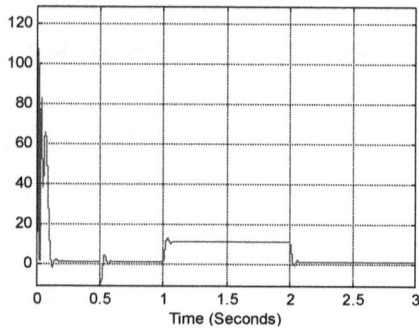

Figure 1.11 d : Couple électromagnétique

✓ Même test de court-circuit avec un rotor alimenté par une tension de $V_r=10$v et la fréquence $f=10$ hz.

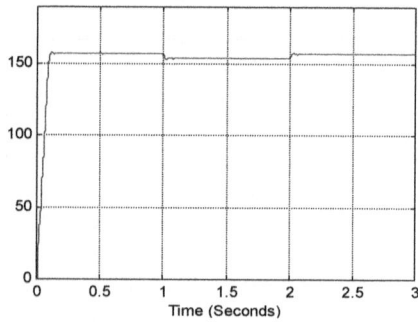

Figure 1.12a : Vitesse rotorique

30

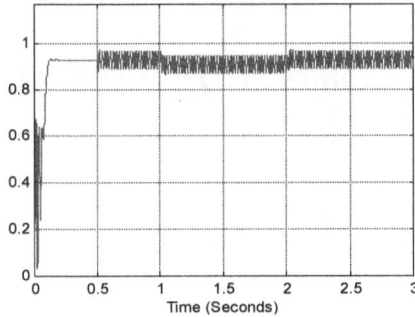

Figure 1.12b : Flux rotorique

Le modèle obtenu est validé en simulation par des considérations physiques telles que : la vitesse de rotation nominale, application d'un couple résistant, évolution du couple électromagnétique et du flux rotorique.

I.6 Conclusion

Ce chapitre a été consacré à la présentation et à la modélisation de la machine asynchrone double alimentée. Le modèle obtenu est multi variable, couplé et non linéaire. La modélisation utilisée est basée sur la connaissance (modèle de connaissance) des lois physiques qui régissent le fonctionnement de ce type de machine.

En général, dans la commande, les référentiels α, β et d, q sont les plus utilisés car ils offrent une simplification du modèle triphasé en un modèle biphasé et la facilité d'utilisation de certaines variables telles que le couple et le flux

CHAPITRE 2 : COMMANDE PASSIVE DE LA MADA

II.1 Introduction

Dans ce chapitre, nous allons aborder la commande de la MADA en utilisant une technique non linéaire appelée la **passivité**. L'idée de cette dernière repose sur l'exploitation de l'énergie totale de la machine en utilisant le principe de Lagrange-Euler.

L'utilisation du principe de la passivité aux systèmes non linéaires permet d'apporter une contribution notable dans le sens où elle permet une étude systématique de la planification des trajectoires et de prendre en compte certaines propriétés physiques du système dans l'élaboration de la loi de commande.

La formulation Lagrangienne pour la MADA a été proposée dans [ESP-92]. Parmi les propriétés essentielles de l'approche on peut citer la passivité et l'identification des forces qui ne "produisent" pas de travail. En s'inspirant de [ORT-91],[KIM-96] [AIS-02], on a adapté la méthodologie (basée, respectivement, sur le succès de l'application au contrôle d'un robot et la machine asynchrone) à la machine MADA. L'idée clé de cette méthodologie consiste à éviter l'annulation exacte des non-linéarités du modèle par une factorisation des forces qui ne "travaillent" pas.

Une version améliorée [ORT-93a] montre la stabilité globale du problème de régulation du couple, avec un retour de sortie et un couple de charge inconnue pour une machine asynchrone. Le résultat a été établi pour un couple désiré constant, pour lequel il existe des bornes déterminées par l'amortissement mécanique du moteur.

Les schémas proposés dans [ORT-93a] et [ORT-93b] sont basés sur un modèle exprimé dans un système de référence tournant au synchronisme (modèle d, q). Dans [ORT-93c], il est montré qu'on peut utiliser les coordonnées des signaux de contrôle du schéma de [ORT-93b] afin de résoudre le problème d'asservissement du couple, pour un modèle du moteur donné dans le référentiel fixe du stator (modèle α, β). Cette caractéristique de l'invariance des coordonnées du contrôleur de [ORT-93b] n'est pas surprenante parce que la procédure de conception de [ORT-91] est basée sur la propriété d'entrée-sortie (dissipation d'énergie) du moteur, laquelle est indépendante des coordonnées. Le contrôleur conçu avec le principe de la passivité peut être implanté directement sans aucune transformation additive et il est globalement stable par retour dynamique non linéaire de sortie.

Diverses références, notamment [ESP-94], [ESP-95], [MON-06], [VIO-07], font la synthèse du contrôleur sans observateur. Son principe repose sur le fait que la partie mécanique de la dynamique du moteur définit un retour passif autour du sous-système électrique, lequel est aussi passif à son tour. Alors, on peut appliquer la procédure de la formulation d'énergie seulement à la partie électrique, et considérer les effets mécaniques comme une perturbation passive. En outre, les problèmes de l'asservissement du couple et celui de la vitesse sont résolus en utilisant seulement les variables mesurables. L'amélioration de ce contrôleur a été publiée dans [ORT-96], où on montre que la convergence de l'erreur de vitesse est indépendante de l'amortissement mécanique naturel du moteur via une inclusion d'un filtre linéaire.

Ce chapitre traite deux volets. Le premier est dédié aux principes de la commande passive. Le second traite l'application de la passivité au modèle de la MADA.

II.2 Principe de la passivité

La passivité est une approche basée sur le théorème de l'énergie totale du système. Certains systèmes physiques, notamment les circuits électriques, ont motivé l'approche par passivité [ORT-91], [KIM-96]. Pour illustrer cette idée, considérons un réseau comme celui de la figure (2.1).

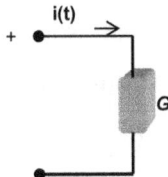

Figure 2.1 : Réseau électrique

33

La puissance délivrée à G (G est une charge) à un instant t est $v(t)i(t)$ où $v(t)$ et $i(t)$ sont respectivement la tension et le courant. Soit $\varepsilon(t_0)$ l'énergie emmagasinée en G à l'instant t_0, on dit alors que la charge G est passive si et seulement si :

$$\varepsilon(t_0) + \int_{t_0} v(\tau)i(\tau)d\tau \geq 0 \; ; \; \forall t \geq t_0$$

Il faut noter que l'application da la passivité à un système physique donné repose d'abord sur la formulation des propriétés physiques, notamment en termes d'énergie totale, en utilisant le formalisme d'Euler Lagrange. Ce point fera l'objet des développements qui suivent

II.3 Equations d'Euler-Lagrange d'un système

Afin d'appliquer le principe de la passivité à notre procédé MADA, nous allons expliciter le formalisme d'Euler-Lagrange.

On considère un système Δ composé de m éléments réunis.

- S'il n'existe pas de connections entre eux, le comportement dynamique de Δ peut être complètement spécifié par m coordonnées fondamentales x_i avec $i = 1 \cdots m$, et on peut dire qu'on a m degrés de liberté.

- si Δ est soumis à r contraintes, le nombre de coordonnées indépendantes est $n = m - r$. Ces coordonnées indépendantes $q_i, (i = 1, \cdots, n,)$ sont appelées les coordonnées généralisées, et le comportement dynamique de Δ peut être représenté en termes de $q, \dot{q}$. En particulier, l'énergie cinétique du système peut être dénotée comme $T(q, \dot{q})$ et son énergie potentielle comme $V(q)$.

Si nous considérons que le système Δ est en équilibre et que son comportement est exprimé en terme de q, et $\dot{q}$ nous obtenons, en appliquant le principe de d'Alembert pour les forces qui sont apparues dans le système, l'égalité suivante :

$$\frac{d}{dt}\left[\frac{\partial T(q, \dot{q})}{\partial \dot{q}_i}\right] - \frac{\partial T(q, \dot{q})}{\partial \dot{q}_i} + \frac{\partial V(q)}{\partial \dot{q}_i} = Q_i^e \quad (i = 1, \cdots, n) \tag{2.1}$$

où les deux premiers termes représentent de l'énergie cinétique ; le troisième terme correspond aux forces conservatives, c'est-à-dire les forces qui sont dérivables de l'énergie potentielle, et le terme de droite représente les forces externes généralisées.

On peut définir une nouvelle fonction comme la différence entre l'énergie cinétique et l'énergie potentielle :

$$L(q, \dot{q}) = T(q, \dot{q}) - V(q) \qquad (2.2)$$

Cette nouvelle fonction L est appelée fonction lagrangienne et son utilisation dans (2.1) mène aux équations d'Euler Lagrange pour un système conservatif [SPO-89], [GOL-80] :

$$\frac{d}{dt}\left[\frac{\partial L(q, \dot{q})}{\partial \dot{q}_i}\right] - \frac{\partial L(q, \dot{q})}{\partial q_i} = Q_i^e, \quad (i = 1, \cdots, n) \qquad (2.3)$$

L'équation (2.3) peut être en forme générale en prenant en compte l'énergie non conservative. Pour cela, introduisons la fonction $F(\dot{q})$ de dissipation de Rayleigh.

En écrivant que les forces externes Q_i^e peuvent s'écrire sous la forme suivante :

$$Q_i^e = Q_i - \frac{\partial F(\dot{q})}{\partial \dot{q}_i}$$

où Q_i^e et $F(\dot{q})$ représente respectivement les forces externes générales appliquées à chaque coordonnée généralisée et les forces dissipatives. Sous cette condition nous obtenons la forme complète des équations d'Euler Lagrange comme suit :

$$\frac{d}{dt}\left[\frac{\partial L(q, \dot{q})}{\partial \dot{q}_i}\right] - \frac{\partial L(q, \dot{q})}{\partial q_i} + \frac{\partial F(\dot{q})}{\partial \dot{q}_i} = Q_i, \quad (i = 1, \cdots, n) \qquad (2.4)$$

alors, nous pouvons considérer le comportement dynamique décrit par (2.4) comme un système de contrôle dont l'entrée est Q_i. Cela conduit a une représentation plus générale, en ne considérant que seulement quelques degrés de libertés pouvant être contrôlés directement : [KIM-96]

$$\frac{d}{dt}\left[\frac{\partial L(q, \dot{q})}{\partial \dot{q}_i}\right] - \frac{\partial L(q, \dot{q})}{\partial q_i} + \frac{\partial F(\dot{q})}{\partial \dot{q}_i} = \begin{cases} Q_i & i = 1, \cdots, l \\ 0 & i = l+1, \cdots, n \end{cases} \qquad (2.5)$$

Le choix entre l'utilisation de (2.4) et (2.5) est justifié par le fait qu'un système composé de plusieurs sous-systèmes de natures différentes (exemple : électromécanique) peut être traité comme un système homogène. Cette propriété est une conséquence directe de l'approche basée sur l'énergie de l'équation d'Euler Lagrange [MEI-69].

IL faut noter que , l'énergie cinétique de la plupart des systèmes physiques peut être définie par une fonction quadratique [KIM-96] :

$$T(q,\dot{q}) = \frac{1}{2}\dot{q}^T D(q)\dot{q} = \frac{1}{2}\sum_{i,j=1}^{n} d_{ij}(q)\dot{q}_i\dot{q}_j \tag{2.6}$$

où *D(q)* est une matrice définie positive symétrique $(D(q)=[d_{ij}])$
On peut ainsi écrire (2.1) comme :

$$D(q)\ddot{q} + C(q,\dot{q}) + v(q) + f(\dot{q}) = Mu \tag{2.7}$$

où

$$C(q,\dot{q}) = \sum_{i,j=1}^{n}\left[\frac{\partial d_{kj}}{\partial q_i} - \frac{1}{2}\frac{\partial d_{ij}}{\partial q_k}\right]\dot{q}_i\dot{q}_j \quad ; \quad (k = 1,\cdots,n),$$

$$v(q) = \left[\frac{\partial V(q)}{\partial q_1},\cdots,\frac{\partial V(q)}{\partial q_n}\right]^T \quad ; \quad f(\dot{q}) = \left[\frac{\partial F(\dot{q})}{\partial \dot{q}_1},\cdots,\frac{\partial F(\dot{q})}{\partial \dot{q}_n}\right]^T$$

et $M = [I_n]^T$ avec I_n la matrice identité $n \times n$, et $u = [u_1,\cdots,u_n]^T$.

II.4 Représentation lagrangienne de la MADA

Nous considérons le système d'axes α, β du moteur asynchrone double alimenté avec les hypothèses suivantes :

- tous les états sont mesurables, tous les paramètres sont connus.

- le couple désiré est une fonction dérivable, lisse et bornée, avec une dérivée première connue bornée,

- la norme du flux rotorique désirée est égale à une constante $\beta > 0$.

Sous ces hypothèses et conditions, nous pouvons obtenir la relation entre le vecteur $\phi^{\alpha\beta} = \left[\phi_s^{\alpha\beta}, \phi_r^{\alpha\beta}\right]^T = \left[\phi_{s\alpha}, \phi_{s\beta}, \phi_{r\alpha}, \phi_{r\beta}\right]^T$ et le vecteur $\dot{q}_e = \left[\dot{q}_s^T, \dot{q}_r^T\right]^T = \left[I_{s\alpha}, I_{s\beta}, I_{r\alpha}, I_{r\beta}\right]^T$, en appliquant la loi de Gauss et la loi d'Ampère :

$$\phi^{ab} = D_e(Pq_m)\dot{q}_e \tag{2.8}$$

où q_m est la position mécanique du rotor (angle du rotor), et $D(Pq_m) = D^T{}_e(Pq_m) > 0$ est la matrice d'inductance définie comme suit :

$$D_e(Pq_m) = \begin{bmatrix} L_s I_2 & L_{sr} e^{jPq_m} \\ L_{sr} e^{-jPq_m} & L_r I_2 \end{bmatrix}$$

où I_n est la matrice identité $(n \times n)$, et :

$$e^{jn_p q_m} = \begin{bmatrix} \cos(Pq_m) & -\sin(Pq_m) \\ \sin(Pq_m) & \cos(Pq_m) \end{bmatrix}$$

est la matrice de rotation avec $j = \begin{bmatrix} 0 & -1 \\ 1 & 0 \end{bmatrix}$ une matrice antisymétrique.

Si on considère les charges électriques de chaque enroulement $q_e \in \Re^4$ et la position angulaire du rotor $q_e \in \Re^1$ comme les coordonnées généralisées du système, nous pouvons calculer l'énergie cinétique électrique comme suit :

$$T_e = \sum_{k=1}^{4} \int_0^{x_k} \phi_k^{\alpha\beta} dx_k = \frac{1}{2} \dot{q}_e^t D_e(Pq_m)\dot{q}_e \tag{2.9}$$

où

$$\sum_{k=1}^{4} \phi_k^{\alpha\beta} = \left[\phi_{s\alpha}, \phi_{s\beta}, \phi_{r\alpha}, \phi_{r\beta}\right]^T \quad et \quad \sum_{k=1}^{4} x_k = \left[I_{s\alpha}, I_{s\beta}, I_{r\alpha}, I_{r\beta}\right]^T,$$

et l'énergie cinétique mécanique comme :

$$T_m = \frac{1}{2} J \dot{q}_m^2$$

où J est le moment d'inertie.

Si l'on suppose qu'il n'existe pas d'effet de torsion et que l'arbre du moteur est rigide, alors l'énergie potentielle du système peut être considérée nulle, et la fonction Lagrangienne sera donnée par :

37

$$L(\dot{q}_e, \dot{q}_m, q_m) = \frac{1}{2} \dot{q}_e^T D_e(Pq_m) \dot{q}_e + \frac{1}{2} J \dot{q}_m^2 \qquad (2.10)$$

En supposant ensuite, que les effets de dissipation électrique et mécanique sont dus, simultanément aux résistances des enroulements (considérées constants) et aux frottements, la fonction totale de Rayleigh peut alors s'écrire :

$$F(\dot{q}_e, \dot{q}_m) = F_e(\dot{q}_e) + F_m(\dot{q}_m) = \frac{1}{2} \dot{q}_e^T R_e \dot{q}_e + \frac{1}{2} f \dot{q}_m^2$$

où $R_e = diag\{R_s I_2, R_r I_2\}$

f est le coefficient de frottement,

Dans notre cas d'étude c'est une Machine MADA <u>les enroulements du rotor sont alimentées,</u> (les travaux antérieurs [KIM-96], [AIS-02] considèrent les enroulements rotorique en court-circuit) les tensions appliquées aux enroulements sont considérées comme les forces électriques externes au système ; elles sont données par :

$$Q_e = \left[u_s^{\alpha\beta}, \ u_r^{\alpha\beta} \right]^T = \left[u_{s\alpha}, u_{s\beta}, u_{r\alpha}, u_{r\beta} \right]^T \qquad (2.11)$$

D'autre part, le couple de charge est la seule force généralisée mécanique externe du système, elle est, en général, une fonction non linéaire de la position et de la vitesse :

$$Q_m = -C_r \qquad (2.12)$$

Afin d'obtenir le modèle lagrangien du moteur, nous utiliserons les équations de (2.4) à (2.6) ; tout calcul fait, on trouve le système d'équations (2.13) et (2.14) suivant :

$$D_e(Pq_m) \ddot{q}_e + W_1(Pq_m) \dot{q}_m \dot{q}_e + R_e q_e = Mu^{\alpha\beta} \qquad (2.13)$$

$$J \ddot{q}_m - C_{em}(\dot{q}_e, Pq_m) + f \dot{q}_m = -C_r \qquad (2.14)$$

avec : $W_1(Pq_m) = \frac{\partial D_e(Pq_m)}{\partial q_m} = \begin{bmatrix} 0 & L_{sr} j P e^{jPq_m} \\ -L_{sr} j P e^{-jPq_m} & 0 \end{bmatrix}$,

$C_{em}(\dot{q}_e, Pq_m) = \frac{1}{2} \dot{q}_e^T W_1(Pq_m) q_e, M = [I_4]^T$

38

$M = \begin{bmatrix} I_4 \end{bmatrix}^T$ (on suppose que tous les enroulements sont affectés directement par les tensions externes).

Remarque 1 :

Dans un même repère (α, β), les modèles obtenus par l'application de l'équation d'Euler Lagrange et celui obtenu (chapitre 1) par la transformation de Park sont identiques.

Dans ce qui suit, on présente quelques propriétés du modèle (2.13) et (2.14), qui sont très utiles pour la méthodologie de la conception de la commande passive.

II.4.1 PASSIVITE DE LA MADA

La première propriété se rapporte à la caractéristique de dissipation de la machine MADA. On montre que notre procédé est un système passif, si l'on considère les forces externes généralisées (tensions stators, couple de charge) comme entrées, et les dérivées par rapport au temps des coordonnées généralisées, affectées directement par ces entrées, comme sorties.

On considère le modèle de la MADA (2.13) et (2.14), et on définit v comme vecteur d'entrée :

$$v = \begin{bmatrix} u_{\alpha,\beta} - C_r \end{bmatrix}^T$$

et le vecteur de sortie :

$$y = \begin{bmatrix} \dot{q}_s^T, \dot{q}_m \end{bmatrix}^T$$

Sous cette condition, la relation entrée-sortie G donnée par $G : v \mapsto y$ est passive.

Preuve :

Dans le cas où la nature du système ne représente aucun mouvement de coordonnée ou transformation de référentiel, l'Hamiltonien H n'est autre que l'énergie totale $\mathcal{E}_{totale}$ du système [WEL-67] :

$$H = T + V = \mathcal{E}_{totale}$$

Or l'énergie totale de la MADA peut être exprimée sous la forme d'une somme des énergies cinétiques (énergie potentielle négligeable) :

$$H(\dot{q}_e, \dot{q}_m, q_m) = \frac{1}{2} \dot{q}_e^T D_e (Pq_m) \dot{q}_e + \frac{1}{2} J \dot{q}_m^2$$

La dérivée par rapport au temps de cette fonction autour des trajectoires de (2.13) et (2.14) peut s'exprimer comme :

$$\dot{H}(\dot{q}_e, \dot{q}_m, q_m) = -\dot{q}_e^T W_1(Pq_m) \dot{q}_m \dot{q}_e - \dot{q}_e^T R_e \dot{q}_e + \dot{q}_e M \ u^{\alpha\beta} + \frac{1}{2} \dot{q}_e^T W_1(Pq_m) \dot{q}_m \dot{q}_e$$
$$- f \dot{q}_m^2 + \dot{q}_m C_{em}(\dot{q}_e, Pq_m) - \dot{q}_m C_r$$

en utilisant l'expression :

$$C_{em}(\dot{q}_e, Pq_m) = \frac{1}{2} \dot{q}_e^T W_1(Pq_m) \dot{q}_e,$$

On peut mettre la dérivée de l'Hamiltonien sous la forme suivante :

$$\dot{H}(\dot{q}_e, \dot{q}_m, q_m) = -\dot{q}^T R\dot{q} + y^T v$$

où $R = diag\{R_e, f\}$ est une matrice symétrique définie positive, et $\dot{q} = \left[\dot{q}_e^T, \dot{q}_m\right]^T$.
Par intégration, on obtient :

$$\underbrace{H(T) - H(0)}_{\text{énergie stockée}} = \underbrace{\int_0^T \dot{q}^T R\dot{q} ds}_{\text{énergie dissipée}} + \underbrace{\int_0^T y^T v ds}_{\text{énergie fournie}}$$

où s est la variable d'intégration, $H(t) \geq 0$, et $H(0)$ est l'énergie stockée initialement dans le moteur.

$$\int_0^T y^T v ds \geq \alpha_{\min}\{R\} \int_0^T \|\dot{q}\|^2 ds - H(0) > 0 \ ; \ \forall T > 0$$

Ce qui prouve la passivité du système d'entrée v et de sortie y.

40

Remarque 2 :

En se basant sur la preuve de la propriété de passivité et en considérant les équations (2.13), (2.14), il est clair que le vecteur donné par [AKO-05], [AIS-09] :

$$W\left(\dot{q}_e, \dot{q}_m, q_m\right) = \begin{bmatrix} W_1\left(Pq_m\right)\dot{q}_m\dot{q}_e \\ -\dfrac{1}{2}\dot{q}_e^{\ T}W_1\left(Pq_m\right)\dot{q}_e \end{bmatrix}$$

(2.15)

Contient les forces qui ne produisent pas de travail.

II.4 .2 DECOMPOSITION DU SYSTEME

La seconde propriété se rapporte à la caractéristique de dissipation du système dans le cas où le système est composé de deux sous-systèmes interconnectés (Figure 2.2). On montre que chacun des sous-systèmes, électrique et mécanique, est passif ; ensuite on arrive à une nouvelle approche de la structure de passivité en se basant sur le fait que *l'interconnexion des sous-systèmes passifs est aussi passive.*

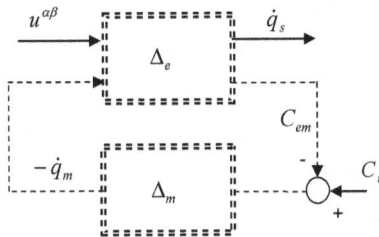

Figure 2.2 : Interconnection de deux sous-systèmes

La relation entrée-sortie électrique, établie par (2.13), est donnée comme suit :

$$\Delta_e : v_1 \begin{bmatrix} u^{\alpha\beta} \\ -\dot{q}_m \end{bmatrix} \rightarrow y_1 = \begin{bmatrix} \dot{q}_s \\ C_{em} \end{bmatrix}$$

La relation entrée-sortie mécanique, obtenue par (2.14), est donnée par :

$$\Delta_m : v_2 = \left(-C_{em} + C_r\right) \mapsto y_2 = -\dot{q}_m = \frac{1}{Js + f}\left(-C_{em} + C_r\right) \quad ; \quad s = \frac{d}{dt}$$

41

Sous ces conditions, la MADA peut être considérée comme l'interconnexion de deux sous-systèmes passifs.

II.4.3 FACTORISATION DES FORCES

Pour obtenir la structure antisymétrique désirée du modèle de la MADA, introduisons une troisième propriété de factorisation des forces. On constate que le modèle donné par (2.13), (2.14) peut être écrit sous une forme compacte comme suit :

$$D(q)\ddot{q} + W(q,\dot{q}) + R\dot{q} = Mu^{\alpha\beta} + \zeta \tag{2.16}$$

où

$$D(q) = diag\{D_e(Pq_m), J\}, \quad R = diag\{R_e, f\},$$

$$\zeta = [0,0,0,0,-\tau_L]^T,$$

$$\dot{q} = [\dot{q}_e, \dot{q}_m]^T$$

$$W(q,\dot{q}) = \begin{bmatrix} W_1(Pq_m)\dot{q}_m\dot{q}_e \\ -\dfrac{1}{2}\dot{q}_e^T W_1(Pq_m)\dot{q}_e \end{bmatrix}$$

Les forces qui ne produisent pas de travail (équation 2.15) peuvent être écrites comme suit :

$$C(q,\dot{q})\dot{q} = \begin{bmatrix} W_1(Pq_m)\dot{q}_m\dot{q}_e \\ -\dfrac{1}{2}\dot{q}_e^T W_1(Pq_m)\dot{q}_e \end{bmatrix}$$

tel que $C(q,\dot{q})$ respecte :

- $\dot{D}(q) = C(q,\dot{q}) + C(q,\dot{q})^T$

  la matrice $\dot{D}(q) - 2C(q,\dot{q})$ est antisymétrique.

- Les troisième et quatrième lignes de $C(q,\dot{q})$ sont indépendantes de $\dot{q}_e$ [KIM-96]

Remarque 3 :

La factorisation faite plus haut n'est pas unique pour obtenir la structure antisymétrique désirée, mais les éléments nuls, $C(q,\dot{q})_{3x2}$ et $C(q,\dot{q})_{2x3}$ sont essentiels afin de résoudre le problème de la poursuite du couple avec la méthodologie présentée dans une prochaine section.

On peut écrire le vecteur donné par l'équation (2.15) de la façon suivante :

$$C(q,\dot{q})\dot{q} = \begin{bmatrix} W_1(Pq_m)\dot{q}_m\dot{q}_e \\ -\dfrac{1}{2}\dot{q}_e^T W_1(Pq_m)\dot{q}_e \end{bmatrix} = \begin{bmatrix} \dfrac{1}{2}W_1(Pq_m)\dot{q}_m & \dfrac{1}{2}W_1(Pq_m)\dot{q}_e \\ -\dfrac{1}{2}\dot{q}_e^T W_1(Pq_m) & 0 \end{bmatrix}\dot{q} \qquad (2.17)$$

et en observant :

$$-\frac{1}{2}\dot{q}_e^T W_1(Pq_m)\dot{q}_e = -\frac{1}{2}\dot{q}_e^T \left\{ W_1(Pq_m) + W_2(Pq_m) \right\}\dot{q}_e$$

où : $W_2(Pq_m) + W_2(Pq_m)^T = 0$, et tel que :

$$W_2(Pq_m) = \begin{bmatrix} 0 & -L_{sr}jPe^{JPq_m} \\ -L_{sr}jPe^{-JPq_m} & 0 \end{bmatrix}$$

En outre si l'on additionne et on soustrait le terme $W_2(Pq_m)\dot{q}_m\dot{q}_e$ dans la première ligne de la matrice (2.17), on obtient :

$$C(q,\dot{q})\dot{q} = \begin{bmatrix} \dfrac{1}{2}\{W_1(Pq_m) + W_2(Pq_m)\}\dot{q}_m & \dfrac{1}{2}\{W_1(Pq_m) - W_2(Pq_m)\}\dot{q}_e \\ -\dfrac{1}{2}\dot{q}_e^T\{W_1(Pq_m) + W_2(Pq_m)\} & 0 \end{bmatrix}$$

Si l'on remplace $W_1(Pq_m)$ et $W_2(Pq_m)$ par leurs expressions dans la matrice ci-dessus on obtient :

$$C(q,\dot{q}) = \begin{bmatrix} 0 & 0 & L_{sr}jPe^{jPq_m}\dot{q}_r \\ -L_{sr}jPe^{-jPq_m}\dot{q}_m & 0 & 0 \\ \dot{q}_r^T L_{sr}jPe^{-jPq_m} & 0 & 0 \end{bmatrix}$$

où cette matrice satisfait notre objectif de factorisation [KIM-96].

Cette factorisation nous mène à la représentation compacte suivante du modèle du moteur :

$$D(q)\ddot{q} + C(q,\dot{q})\dot{q} + R\dot{q} = Mu^{\alpha\beta} + \zeta \qquad (2.18)$$

avec la sortie :

$$C_{em}(q,\dot{q}) = \frac{1}{2}\dot{q}_e^T W_1 (Pq_m)\dot{q}_e \qquad (2.19)$$

II.5 Etapes générales d'élaboration d'un contrôleur PBC

L'idée de base du contrôleur basé sur la passivité consiste à reformuler l'énergie totale des systèmes puis à rajouter un terme d'amortissement au système. Cette technique, développée à l'origine pour l'objectif de régulation des robots, a été étendue dans la suite à d'autres objectifs. [ORT-89] présente l'origine de la commande passive qui n'est autre que TDMC (**T**arget **D**ynamics **M**atching **C**ontrol). Cette technique a été améliorée dans [ORT-91] pour résoudre le problème de poursuite pour les systèmes d'Euler Lagrange.

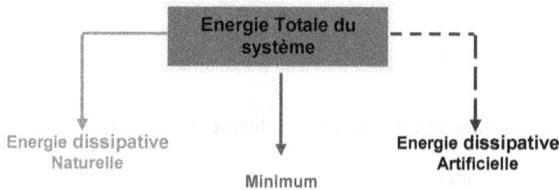

Figure 2.3 : Réformation de l'énergie du système plus l'injection de l'amortissement.

La commande passive (Passivity Based Control) consiste à modifier l'énergie vers une énergie désirée qui représente un minimum pour des coordonnées désirées $q_i^*, i = 1,\cdots,n$; alors le système converge vers le minimum. En plus, si ce contrôleur est capable d'injecter un terme dissipatif additif au système, la vitesse de convergence à l'état désiré peut être améliorée par rapport à celle atteinte avec la dissipation naturelle fournie par le système (figure 2.3).

Pour réaliser la méthodologie ci-dessus, on peut considérer le schéma de contrôle de la figure 2.4. La dynamique désirée (les coordonnées désirées) peut être obtenue par la modification du modèle du système qui possède un minimum de

44

l'énergie totale du système. Par conséquent, on peut obtenir le schéma de contrôle basé sur la définition de la dynamique désirée (Target Dynamics Matching) présenté à la figure 2.4. Pour définir la dynamique désirée, on utilise la propriété de la passivité en factorisant les forces qui ne produisent pas de travail afin d'accomplir l'objectif de contrôle. Ensuite on obtient les coordonnées désirées à partir de cette dynamique désirée. [KIM-96]

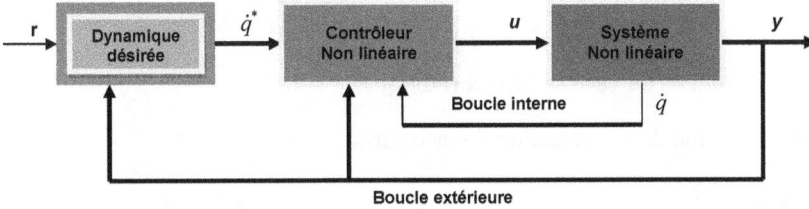

Figure 2.4 : Contrôle par la définition de la dynamique désirée

Donc, on peut résumer l'étape de la conception de la commande basée sur la passivité de la façon suivante :

- Représenter le système à contrôler en une forme de contrôle Lagrangien.

- Etablir la structure de la dynamique désirée.

- Résoudre le problème de choix des coordonnées désirées.

II.6 Application de la commande PBC à la MADA

Dans cette section nous allons appliquer la démarche de la conception de la passivité à la MADA en mode moteur. Pour formuler le problème de contrôle, on suppose que les propriétés formulées au paragraphe 4 sont vérifiées. On considère par ailleurs, la forme compacte du modèle du moteur MADA (équations (2.18) et (2.19)). Sous ces conditions, on cherche une loi de commande qui assure : la stabilité interne, l'asservissement asymptotique du couple ainsi que la régulation de la norme du flux rotorique, c'est à dire, la boucle fermée doit satisfaire :

$$\lim_{t \to \infty}\left(C_{em} - C^*_{em}\right) = 0 \quad , \quad \lim_{t \to \infty}\left\|\phi_r^{\alpha\beta}\right\| = \beta \tag{2.20}$$

45

Afin de résoudre ce problème, nous devons d'abord établir la structure de la dynamique désirée et ensuite résoudre le problème du choix des coordonnées désirées. Cependant, avant de passer à ces étapes, l'analyse suivante serait utile.

En utilisant la relation entre le couple et le flux rotorique explicitée au chapitre 1, équation 1.37, On peut écrire la relation suivante, dans le référentiel (α, β)

$$\phi_r^{\alpha\beta} = \begin{bmatrix} \phi_{r\alpha} \\ \phi_{r\beta} \end{bmatrix} = \left\| \phi_r^{\alpha\beta} \right\| \begin{bmatrix} \cos\rho \\ \sin\rho \end{bmatrix} \tag{2.21}$$

où $\left\| \phi_r^{\alpha\beta} \right\|$ est l'amplitude du vecteur du flux rotorique.

La vitesse de rotation de ce vecteur est donnée par :

$$\dot{\rho} = \frac{R_r}{P\left\| \phi_r^{\alpha\beta} \right\|^2} C_{em}$$

où C_{em} est donné par (2.19).

D'autre part, comme nous voulons accomplir la régulation de la norme du flux rotorique ; il est raisonnable de définir la structure suivante pour le vecteur du flux rotorique désiré :

$$\phi_r^{\alpha\beta*} = \begin{bmatrix} \phi^*{}_{r\alpha} \\ \phi^*{}_{r\beta} \end{bmatrix} = \beta \begin{bmatrix} \cos\rho^* \\ \sin\rho^* \end{bmatrix} \tag{2.22}$$

avec $\rho^* = \arctan\left(\dfrac{\phi^*_{r\alpha}}{\phi^*_{r\beta}} \right)$

alors :

$$\dot{\rho}^* = \frac{R_r}{P\beta^2} C^*{}_{em}$$

où $C_{em}{}^*$ est le couple désiré.

Nous pouvons remarquer que :

$$\lim_{t\to\infty} \phi_r^{\alpha\beta} = \phi_r^{\alpha\beta*} \quad \Rightarrow \quad \lim_{t\to\infty} \left\| \phi_r^{\alpha\beta} \right\| = \beta \text{ et } \lim_{t\to\infty} \frac{R_r}{P\left\| \phi_r^{\alpha\beta} \right\|^2} C_{em} = \frac{R_r}{P\beta^2} C_{em}{}^*$$

alors :

$$Lim_{t \to 0} C_{em} = C_{em}^{*}$$

Remarque 4 :

Cette étude permet d'affirmer que si la loi de commande assure la régulation du flux rotorique avec la stabilité interne, alors le problème de l'asservissement du couple est aussi résolu.

Après cette analyse, nous allons nous intéresser à la définition de la dynamique désirée. Cette dynamique doit être compatible avec les contraintes physiques du moteur MADA, on peut ainsi proposer la dynamique désirée suivante :

$$D(q)\ddot{q}^{*} + C(q,\dot{q})\dot{q}^{*} + R\dot{q}^{*} = Mu^{\alpha\beta^{*}} + \xi \tag{2.23}$$

avec la contrainte imposée par (2.8) :

$$\psi^{\alpha\beta^{*}} = D_{e}(Pq_{m})\dot{q}_{e}^{*} \tag{2.24}$$

où :

$$\dot{q}^{*} = \left[\dot{q}_{e}^{*T}, \dot{q}_{m}^{*}\right]^{T} = \left[\dot{q}_{s}^{*T}, \dot{q}_{r}^{*T}, \dot{q}_{m}^{*}\right]$$

$$\phi^{\alpha\beta^{*}} = \left[\phi_{s}^{\alpha\beta^{*T}}, \phi_{r}^{\alpha\beta^{*T}}\right]^{T}$$

$\phi^{\alpha\beta^{*}}$ est défini par (2.22).

On constate que si $\dot{q}^{*}$ de (2.23) satisfait (2.24) alors la sortie de la dynamique désirée est :

$$C_{em}(q,\dot{q}^{*}) = \frac{1}{2}\dot{q}_{e}^{*T}W_{1}(Pq_{m})\dot{q}_{e}^{*} \tag{2.25}$$

Etant donné le couple désiré $C_{em}^{*}(q,\dot{q}^{*})$ nous devons définir $u^{\alpha\beta^{*}}$ et $\dot{q}^{*}$ de façon à assurer que (2.23) et (2.24) soient toujours vérifiées $\forall t \geq 0$ et pour toutes les valeurs de $q, \dot{q}$ et C_{r}

Afin de résoudre ce problème nous allons caractériser les solutions $\dot{q}^{*}$ de (2.23) qui donnent le flux rotorique désiré $\phi_{r}^{\alpha\beta^{*}}$. Nous constatons que, $\forall q, \dot{q}$ et $\dot{q}^{*}$ les deux premières équations de (2.23) peuvent être satisfaites avec le choix :

$$u_s^{\alpha\beta^*} = L_s \ddot{q}_s^* + L_{sr} e^{JPq_m} \ddot{q}_r^* + L_{sr} jPe^{JPq_m} \dot{q}_r \dot{q}_m^* + R_s \dot{q}_s^* \qquad (2.26)$$

Ensuite, le problème de choix du $\dot{q}^*$ doit être résolu en considérant que (2.24), (2.27) et (2.28) sont toujours vérifiées $\forall t \geq 0$ et $\forall q, \dot{q}$ et C_r.

$$u_r^{\alpha\beta^*} = L_{sr} e^{-JPq_m} \ddot{q}_s^* + L_r \ddot{q}_r^* - L_{sr} jPe^{-JPq_m} \dot{q}_m \dot{q}_s^* + R_r \dot{q}_r^* \qquad (2.27)$$

$$J\ddot{q}_m^* + L_{sr} \dot{q}_r^T jPe^{-JPq_m} \dot{q}_s^* + f \dot{q}_m^* = -C_r \qquad (2.28)$$

Les équations (2.26, 2.27, 2.28) représentent une forme détaillée de l'équation (2.23).

De même, on remarque que (2.24) et (2.27) ne dépendent pas de $\dot{q}_m^*$. Donc, la cinquième ligne de (2.23) permet de définir $\dot{q}_m^*$ comme étant la solution de :

$$\ddot{q}_m^* = -\frac{1}{J}\left[L_{sr} \dot{q}_r^T jPe^{-JPq_m} \dot{q}_s^* + f \dot{q}_m^* + C_r \right]$$

Nous pouvons obtenir la structure du flux rotorique désiré à partir de (2.24) :

$$\phi_r^{\alpha\beta^*} = L_{sr} e^{-JPq_m} \dot{q}_s^* + L_r \dot{q}_r^* \qquad (2.29)$$

et sa dérivée par :

$$\dot{\phi}_r^{\alpha\beta^*} = L_{sr} e^{-JPq_m} \ddot{q}_r^* + L_r \ddot{q}_r^* - L_{sr} jPe^{-JP_p q_m} \dot{q}_m \dot{q}_s^*$$

en comparant avec (2.27), on obtient :

$$\dot{\phi}_r^{\alpha\beta^*} + R_r \dot{q}_r^* = u_r^{\alpha\beta^*} \qquad (2.30)$$

D'autre part, si l'on calcule la dérivée de (2.22), on obtient :

$$\phi_r^{\alpha\beta^*} = \frac{R_r C_{em}^*}{P\beta^2} j\phi_r^{\alpha\beta^*} \quad ; \quad \phi_r^{\alpha\beta^*}(0) = \begin{bmatrix} \beta \\ 0 \end{bmatrix} \qquad (2.31)$$

Donc, en remplaçant (2.31) dans (2.30), on trouve :

$$\dot{q}_r^* = \frac{u_r^{\alpha\beta^*}}{R_r} - \frac{C_{em}^*}{PB^2} j\phi_r^{\alpha\beta^*} \qquad (2.32)$$

et finalement, à l'aide de l'équation (2.29), on obtient :

$$\dot{q}_s^* = \left(\frac{L_r C_{em}^*}{L_{sr} P\beta^2} j + \frac{1}{L_{sr}} I_2 \right) e^{JPq_m} \phi_r^{\alpha\beta^*} \qquad (2.33)$$

48

Remarque 5 :

Les coordonnées désirées $\dot{q}^*$ définies ci-dessus sont l'unique choix qui assure la sortie désirée C_{em}^* et la régulation du flux pour la dynamique désirée. Ceci peut être vérifié en notant que pour les valeurs désirées C_{em}^* et β, la solution de (2.31) est unique. Par conséquent, les valeurs de (2.32) et (2.33) sont également uniques.

Remarque 6 :

Nous avons posé ici le problème de contrôle du couple où le couple désiré donné détermine automatiquement la vitesse du rotor via la relation (2.14). Dans ce sens, $\dot{q}^*$ peut être interprété comme étant la vitesse rotorique qui correspond au couple désiré si $\dot{q}$ converge vers $\dot{q}^*$.

Après ces observations, nous pouvons résumer les développements précédents dans la proposition suivante.

<u>Proposition</u> : La loi de commande idéale est un retour d'état dynamique non linéaire en la forme :

$$u_s^{\alpha\beta^*} = L_s \ddot{q}_s^* + L_{sr} e^{j n_p q_m} \ddot{q}_r^* + L_{sr} j P e^{j n_p q_m} \dot{q}_r \dot{q}_m^* + R_s \dot{q}_s^*$$

$$u_r^{\alpha\beta^*} = L_{sr} e^{-J P q_m} \ddot{q}_s^* + L_r \ddot{q}_r^* - L_{sr} j P e^{-j P q_m} \dot{q}_m \dot{q}_s^* + R_r \dot{q}_r^*$$

où :

$$\dot{q}_e^* = \begin{bmatrix} \dot{q}_s^* \\ \dot{q}_r^* \end{bmatrix} = \begin{bmatrix} \left(\dfrac{L_r C_{em}^*}{L_{sr} P \beta^2} j + \dfrac{1}{L_{sr}} I_2 \right) e^{j n_p q_m} \phi_r^{\alpha\beta^*} \\ \dfrac{u_r^{\alpha\beta^*}}{R_r} - \dfrac{C_{em}^*}{P B^2} j \phi_r^{\alpha\beta^*} \end{bmatrix}$$

avec les états du contrôleur :

$$\ddot{q}_m^* = -\frac{1}{J} \left[L_{sr} \dot{q}_r^T j P e^{-j n_p q_m} \dot{q}_s^* + f \dot{q}_m^* + C_r \right] \quad ; \quad \dot{q}_m^*(0) = \dot{q}_{m0}.$$

et :

$$\dot{\phi}_r^{\alpha\beta^*} = \frac{R_r C_{em}}{P\beta^2} j\phi_r^{\alpha\beta^*} \quad ; \quad \phi_r^{\alpha\beta^*}(0) = \begin{bmatrix} \beta \\ 0 \end{bmatrix}$$

d'où :

$$\lim_{t\to\infty} C_{em} = C_{em}^{*}$$

Afin de compléter la conception du contrôleur, nous avons besoin de définir la loi de commande qui assure que la dynamique du moteur converge asymptotiquement vers la dynamique désirée. Pour accomplir cette étape, on invoque la stabilité au sens de Lyapunov.

On définit d'abord le signal d'erreur d'état $e = \dot{q} - \dot{q}^*$ qui satisfait l'équation (2.34) (différence entre les équations (2.23) et (2.18)) :

$$D(q)\dot{e} + C(q,\dot{q})e + \mathrm{Re} = M\left(u^{\alpha\beta} - u^{\alpha\beta^*}\right) \tag{2.34}$$

On considère la fonction quadratique :

$$V = \frac{1}{2}e^T D(q)e \tag{2.35}$$

qui, par la positivité de $D(q)$ et le quotient de Rayleigh, satisfait les bornes suivantes :

$$0 \le \alpha_{\min}\{D\}\|e(t)\|^2 \le V \le \alpha_{\max}\{D\}\|e(t)\|^2 \tag{2.36}$$

où $\alpha_{\min}\{\}, \alpha_{\max}\{\}$ désignent les valeurs propres minimale et maximale de $\{\}$. On peut obtenir la dérivée de (2.35) autour de la trajectoire de (2.34) en utilisant $\dot{D}(q) = C(q,\dot{q}) + C(q,\dot{q})^T$, d'où :

$$\dot{V} = -e^T \mathrm{Re} + e^T M\left(u^{\alpha\beta} - u^{\alpha\beta^*}\right)$$

En considérant $u^{\alpha\beta} = u^{\alpha\beta^*}$ et par la positivité de R et le quotient de Rayleigh, l'expression précédente devient :

$$\dot{V} \le -\alpha_{\min}\{R\}\|e(t)\|^2$$

Ensuite, en utilisant (2.36) nous obtenons :

$$\dot{V} \le -\alpha_r V, \quad \alpha_r = \frac{\alpha_{\max}\{R\}}{\alpha_{\min}\{D\}} > 0$$

L'intégration de cette expression $\int_0^t \frac{\dot{V}}{V} ds \leq \int_0^t (-\alpha_r) ds$ donne :

$$V(t) \leq V(0) e^{-\alpha_r t}$$

En appliquant encore (2.36), on obtient :

$$\|e(t)\|^2 \leq m e^{-\alpha_r t} \|e(0)\|^2, \; m = \frac{\alpha_{\max}\{D\}}{\alpha_{\min}\{D\}} > 0 \qquad (2.37)$$

Donc, l'erreur des courants converge exponentiellement vers zéro.

La stabilité interne est aussi établie en remarquant que $\phi_r^{\alpha\beta^*}$ est borné par la définition (2.22) ; par conséquent $\dot{q}_s^*, \dot{q}_r^*$ sont bornés par (2.33) et (2.33) respectivement. Alors $\dot{q}_m^*$ est borné avec C_r d'après (2.28), qui est un filtre du premier ordre avec une entrée bornée.

Ce résultat peut être interprété sur le plan énergétique, si nous considérons la fonction quadratique (2.35) comme l'énergie désirée du système en boucle fermée. Ensuite, par la définition de $u^{\alpha\beta} = u^{\alpha\beta^*}$, on cherche la loi de commande qui réforme l'énergie originelle du système afin d'atteindre le comportement désiré. De plus, il faut soulever que si l'on ajoute des termes d'amortissements à la loi de commande $u^{\alpha\beta}$ ainsi qu'à l'état du contrôleur $\dot{q}_m^*$ c'est-à-dire :

$$u^{\alpha\beta} = u^{\alpha\beta^*} - K_1 e_e \qquad (2.38)$$

$$\ddot{q}_m^* = -\frac{1}{J}\left[L_{sr} \dot{q}_r^T jP e^{-jPq_m} \dot{q}_s^* + f \dot{q}_m^* + K_4 e_m + C_r \right] \quad ; \; K_4 > 0 \qquad (2.39)$$

où : $e_e = \dot{q}_e - \dot{q}_e^* = \left[\dot{q}_s^T, \dot{q}_r^T\right]^T - \left[\dot{q}_r^{*T}, \dot{q}_r^{*T}\right]^T$ $e_m = \dot{q}_m - \dot{q}_m^*$,

alors la vitesse de convergence vers l'état désiré peut être améliorée.

Dans ce cas, l'équation d'erreur (2.34) devient :

$$D(q)\dot{e} + C(q,\dot{q})e + (R+K)e = M\left(u^{\alpha\beta} - u^{\alpha\beta^*}\right)$$

où $K_1 = diag\{K_2, K_3\}$, et $K = diag\{K_2, K_3, K_4\}$

et la dérivée par rapport au temps de (2.35) de cette équation est donnée par :

51

$$\dot{V} = -e^T (R + K)e$$

Par la même procédure de (2.34) à (2.37), on obtient :

$$\alpha_1 = \frac{\alpha_{\min}\{R + K\}}{\alpha_{\max}\{D\}} > 0$$

qui implique une amélioration de la vitesse de convergence.

Théorème

On considère le modèle du moteur MADA (2.18) avec la sortie régulée et la norme du flux $\left\|\phi_r^{\alpha\beta}\right\|$ *ainsi que les suppositions du paragraphe 4. Dans ce cas, la loi de commande est définie par :*

$$u_s^{\alpha\beta^*} = L_s \ddot{q}_s^* + L_{sr} e^{jPq_m} \ddot{q}_r^* + L_{sr} JP e^{jPq_m} \dot{q}_r \dot{q}_m^* + R_s \dot{q}_s^* - k_2 e_s$$

$$u_r^{\alpha\beta^*} = L_{sr} e^{-JPq_m} \ddot{q}_s^* + L_r \ddot{q}_r^* - L_{sr} jP e^{-jPq_m} \dot{q}_m \dot{q}_s^* + R_r \dot{q}_r^* - k_3 e_r$$

où : $k_2, k_3 > 0$

$$\dot{q}_e^* = \begin{bmatrix} \dot{q}_s^* \\ \dot{q}_r^* \end{bmatrix} = \begin{bmatrix} \left(\dfrac{L_r C_{em}^*}{L_{sr} P\beta^2} j + \dfrac{1}{L_{sr}} I_2 \right) e^{jPq_m} \phi_r^{\alpha\beta^*} \\ \dfrac{u_r^{\alpha\beta^*}}{R_r} - \dfrac{C_{em}^*}{PB^2} j\phi_r^{\alpha\beta^*} \end{bmatrix}$$

avec les états du contrôleur :

$$\ddot{q}_m^* = -\frac{1}{J}\left[L_{sr} \dot{q}_r^T JP e^{-JPq_m} \dot{q}_s^* + f\ddot{q}_m^* + K_4 e_m + C_r \right]$$

$$K_4 > 0$$

$$\dot{q}_m^*(0) = \dot{q}_{m0}^*$$

et :

$$\phi_r^{\alpha\beta^*} = \frac{R_r C_{em}^*}{P\beta^2} j\phi_r^{\alpha\beta^*} \quad ; \quad \phi_r^{\alpha\beta^*}(0) = \begin{bmatrix} \beta \\ 0 \end{bmatrix}$$

Sous ces conditions, le système en boucle fermée est globalement asymptotiquement stable et il accomplit l'asservissement du couple et la régulation de la norme du flux rotorique.

Après les développements établis précédemment, nous allons présenter une commande en tension sans observateur pour notre procédé MADA dont le modèle (α, β) est défini par :

$$D_e(Pq_m)\ddot{q}_e + W_1(Pq_m)\dot{q}_m\dot{q}_e + R_e\dot{q}_e = M\ u^{\alpha\beta} \tag{2.40}$$

$$J\ddot{q}_m = C_{em}(\dot{q}_e, Pq_m) - C_r = \frac{1}{2}q_e^T W_1(Pq_m)\dot{q}_e - C_r \tag{2.41}$$

Les étapes utilisées dans [AIS-02] [KIM-96] pour l'élaboration de la commande passive pour une machine asynchrone sont reprises ici dans ce travail.

- Décomposer le système dynamique comme une interconnection, par un retour négatif, de deux sous-systèmes (électrique et mécanique) passifs Σ_e et Σ_m :

$$\Delta_e : v_1 \begin{bmatrix} u^{\alpha\beta} \\ -\dot{q}_m \end{bmatrix} \to y_1 = \begin{bmatrix} \dot{q}_s \\ C_{em} \end{bmatrix} \quad ; \quad \Delta_m : (C_{em} - C_r) \mapsto \dot{q}_m$$

- Construire une boucle interne, qui assure au sous-système électrique la relation entrée-sortie strictement passive, via l'injection d'un terme non linéaire dans la matrice d'amortissement.

- Appliquer la méthodologie de la conception du contrôleur, basée sur l'idée de la dynamique désirée, pour le sous-système électrique seul, et traiter le sous-système mécanique comme une perturbation passive.

En contraste avec (2.41), [AIS-02], [AIS-09] décrit la partie mécanique par :

$$J\ddot{q}_m + f\,\dot{q}_m = C_{em}(\dot{q}_e, Pq_m) - C_r = \frac{1}{2}\dot{q}_e^T - W_1(Pq_m)\dot{q}_e - C_r$$

et afin d'éviter la mesure de l'accélération (pour l'asservissement de vitesse) la preuve de stabilité exige un amortissement mécanique strictement positif, $f > 0$.

D'autre part, afin d'obtenir la propriété antisymétrique désirée du modèle, qui est essentielle pour la conception du contrôleur, on peut modifier (2.40) de la façon suivante:

$$D_e(Pq_m)\ddot{q}_e + (W_1(Pq_m)\dot{q}_m + L(Pq_m))\dot{q}_e + (R_e - L(Pq_m,\dot{q}_m))\dot{q}_e = Mu^{\alpha\beta} \quad (2.42)$$

où :

$$\dot{D}_e(Pq_m) = (W_1(Pq_m)\dot{q}_m + L(Pq_m,\dot{q}_m)) + (W_1(Pq_m)\dot{q}_m + L(Pq_m,\dot{q}_m))^T \quad (2.43)$$

$$L(Pq_m,\dot{q}_m) = \begin{bmatrix} 0 & 0 \\ L_{sr}jPe^{-jPq_m} & 0 \end{bmatrix}\dot{q}_m \quad (2.44)$$

$$R_e - L(Pq_m,\dot{q}_m) = \begin{bmatrix} R_sI_2 & 0 \\ -L_{sr}jPe^{-jPq_m}\dot{q}_m & R_rI_2 \end{bmatrix} \quad (2.45)$$

Cependant la matrice correspondante aux termes dissipatifs $R_e - L(Pq_m,\dot{q}_m)$ n'est plus définie positive ; donc, on doit la compenser dans la conception du contrôleur. Avec cette modification du modèle, la dynamique électrique désirée du moteur est donnée par :

$$D_e(Pq_m)\ddot{q}_m + (W_1(Pq_m)\dot{q}_m + L(Pq_m,\dot{q}_m))\dot{q}_e^* + (R_e - L(Pq_m,\dot{q}_m))\dot{q}_e^* = Mu^{\alpha\beta^*} \quad (2.46)$$

et on peut décomposer (2.43) en deux parties (2.47) et (2.48) :

$$L_s\ddot{q}_s^* + L_{sr}e^{jPq_m}\ddot{q}_r^* + L_{sr}jPe^{jPq_m}\dot{q}_m\dot{q}_r^* + R_s\dot{q}_s^* = u_s^{\alpha\beta^*} \quad (2.47)$$

$$L_{sr}e^{-jPq_m}\ddot{q}_s^* - L_{sr}jPe^{-jPq_m}\dot{q}_m\dot{q}_s^* + R_r\dot{q}_r^* = u_r^{\alpha\beta^*} \quad (2.48)$$

Le flux rotorique de ce système est égal à celui du système complet, alors d'après la procédure de (2.29) à (2.33) on obtient toujours le même état du contrôleur, donné par :

$$\dot{\phi}_r^{\alpha\beta^*} = \frac{R_rC_{em}^*}{P\beta^2}j\phi_r^{\alpha\beta^*} \quad ; \quad \phi_r^{\alpha\beta^*}(0) = \begin{bmatrix} \beta \\ 0 \end{bmatrix} \quad (2.49)$$

ainsi que les mêmes courants désirés q_r^* et $\dot{q}_s^*$:

$$\dot{q}_r^* = \frac{u_r^{\alpha\beta^*}}{R_r} - \frac{C_{em}^*}{PB^2}j\phi_r^{\alpha\beta^*} \quad (2.50)$$

$$\dot{q}_s^* = \left(\frac{L_rC_{em}^*}{L_{sr}P\beta^2}j + \frac{1}{L_{sr}}I_2\right)e^{jPq_m}\phi_r^{\alpha\beta^*} \quad (2.51)$$

Donc, nous pouvons constater que le calcul du contrôleur ne dépend que des variables mesurables. D'autre part, en supposant $u^{\alpha\beta} = u^{\alpha\beta^*}$, l'équation d'erreur d'état (différence entre 2.46 et 2.42) est donnée par l'expression suivante :

$$D_e(Pq_m)\dot{e}_e + (W_1(Pq_m)\dot{q}_m + L(Pq_m,\dot{q}_m))e_e + (R_e - L(Pq_m,\dot{q}_m))e_e = 0 \quad (2.52)$$

où : $e_e = \dot{q}_e - \dot{q}_e^* = [\dot{q}_s^T, \dot{q}_r^T]^T - [\dot{q}_r^{*T}, \dot{q}_r^{*T}]^T$

Dans ce cas, la positivité de la matrice $R_e - L(Pq_m,\dot{q}_m)$ n'est pas assurée. Afin de surmonter ce problème, on définit l'entrée $u^{\alpha\beta}$ par :

$$u^{\alpha\beta} = u^{\alpha\beta^*} - K_1 e_e$$

alors, par cette loi de commande, l'équation d'erreur d'état (2.52) devient :

$$D_e(Pq_m)\dot{e}_e + (W_1(Pq_m)\dot{q}_m + L(Pq_m,\dot{q}_m))e_e + (R_e - L(Pq_m,\dot{q}_m) + K_1)e_e = 0 \,(2.53)$$

où

$$K_1 = diag\{K_2, K_3\}$$

Pour prouver de convergence de l'erreur, considérons la fonction quadratique V_1 :

$$V_1 = \frac{1}{2} e_e^T D_e(Pq_m) e_e$$

dont la dérivée par rapport au temps est donnée par :

$$\dot{V}_1 = -e_e^T (R_e - L(Pq_m,\dot{q}_m) + K_1)_{sym} e_e$$

L'utilisation de la propriété de "matrice antisymétrique" (2.53), a permis de modifier la matrice de dissipation en forme symétrique $(\ )_{sym}$:

$$(R_e - L(Pq_m,\dot{q}_m) + K_1)_{sym} = \begin{bmatrix} (R_s + K_2)I_2 & \frac{1}{2}L_{sr}jPe^{jPq_m}\dot{q}_m \\ -\frac{1}{2}L_{sr}jPe^{-jPq_m}\dot{q}_m & (R_r + K_3)I_2 \end{bmatrix} \quad (2.54)$$

La matrice (2.54) pour être définit positive, elle doit satisfaire la condition suivante :

$$(R_s + K_2)I_2 - \frac{1}{4(R_r + K_3)}\left(L_{sr} j P e^{jPq_m} \dot{q}_m\right)\left(-L_{sr} j P e^{-jPq_m} \dot{q}_m\right) > 0 \qquad (2.55)$$

II.6.1 Stratégies PBC Proposée à la Commande de la MADA

Pour assurer l'asservissement asymptotique du système global on doit assurer que la matrice (2.54) soit définie positive ; alors on peut poser plusieurs conditions sur la relation (2.55) :

K3 EST CHOISI TEL QUE (K3<< Rr)>0

K_3 est négligé devant R_r, cela conduit, en utilisant la propriété $e^{jPq_m} e^{-jPq_m} = I_2$ et $j^2 = -I_2$, à une condition de positivité de la matrice (2.54), [AIS-02]. Le retour de sortie dynamique K_2 doit respecter :

$$K_2 > \frac{L_{sr}^2}{4R_r}\left(P\dot{q}_m\right)^2$$

Dans ce cas la machine MADA est gouvernée au niveau statorique et le signal de commande $u^{\alpha\beta}$ est donné par

$$u^{\alpha\beta} = u^{\alpha\beta*} - K_4 e_e \text{ avec } K_4 = diag\left\{K_2, \frac{K_2}{C}\right\} \text{ } K2/C<<R_r \text{ et C>0.}$$

Alors on peut définir K_2 comme un gain variant dans le temps tel que :

$$K_2 > \frac{L_{sr}^2}{4\varepsilon}\left(P\dot{q}_m\right)^2$$

où

$$0 < \varepsilon < R_r$$

ce qui assure la positivité de $R_e - L(Pq_m, \dot{q}_m) + K_1$

K2 EST CHOISI TEL QUE (K2<< Rs)>0

K_2 est négligé devant R_s, cela conduit, en utilisant la propriété $e^{jPq_m} e^{-jPq_m} = I_2$ et $j^2 = -I_2$ à une condition de positivité de la matrice (2.54) de la même façon précédente et le retour de sortie dynamique K_2 doit respecter :

$$K_3 > \frac{L_{sr}^2}{4R_s}\left(P\dot{q}_m\right)^2$$

Dans ce cas la MADA est gouvernée au niveau rotorique et le signal de commande $u^{\alpha\beta}$ est donné par :

$$u^{\alpha\beta} = u^{\alpha\beta^*} - K_4 e_e \text{ avec :}$$

$$K_4 = diag\{K_3 / C, K_3\} \text{ et } K_3/C<<R_s \text{ et C>0.}$$

Avec les deux dernières définitions du gain K_4 et en utilisant les bornes des matrices V_1 et $\dot{V}_1$ l'erreur converge exponentiellement vers zéro :

$$\|e_1(t)\|^2 \le m_1 e^{-\alpha_2 t}\|e_1(0)\|^2$$

où $m_1 = \dfrac{\alpha_{max}\{D_e\}}{\alpha_{min}\{D_e\}} > 0$ et $\alpha_2 = \dfrac{\alpha_{min}\{R_e - L(Pq_m, \dot{q}_m) + K_4\}}{\alpha_{max}\{D_e\}} > 0$, ce qui peuvent être obtenus

d'après la même procédure de (2.35) à (2.37).

Donc, sous ces conditions, le système en boucle fermée (2.53) est globalement asymptotiquement stable, en assurant la poursuite du couple ainsi que la régulation de la norme du flux tout en respectant la stabilité interne.

II.6 .2 ASSERVISSEMENT DE VITESSE

UTILISATION DE LA PBC

On utilise la stratégie du contrôle de vitesse suivante :

$$C_{em}^* = J\ddot{q}_m^* - Z + C_r \tag{2.56}$$

où :

$$\dot{Z} = -aZ + b\left(\dot{q}_m - \dot{q}_m^*\right), \quad a, b > 0 \tag{2.57}$$

La définition du couple désiré (2.56) avec (2.57) permet de réduire effectivement l'erreur de l'asservissement de vitesse sans aucune mesure de l'accélération. En outre, nous pouvons rendre la convergence de l'erreur de vitesse indépendante de l'amortissement mécanique naturel du moteur.

On considère le modèle du moteur MADA (2.40) et (2.41), et on suppose que :

- les courants statoriques $\dot{q}_s$, la vitesse du rotor $\dot{q}_m$ et la position q_m sont mesurables,

- le couple de charge $C_r(t)$ est une fonction connue,

- la vitesse rotorique désirée $\dot{q}_m^*(t)$est une fonction deux fois dérivable, lisse et bornée, avec des dérivées bornées connues de première et de deuxième ordre, ainsi que :

$$\left| \ddot{q}_m^*(t) \right| \le c_2 < \infty, \forall t \in [0,\infty),$$

- la norme du flux rotorique désirée est une constante $\beta > 0$.

On propose, par retour dynamique non linéaire de la sortie, le contrôleur suivant :

$$u_s^{\alpha\beta} = L_s\ddot{q}_s^* + L_{sr}e^{jPq_m}\ddot{q}_r^* + L_{sr}jPe^{jPq_m}\dot{q}_m\dot{q}_r^* + R_s\dot{q}_s^* - k_2 e_s$$

$$u_r^{\alpha\beta} = L_{sr}e^{-jPq_m}\ddot{q}_s^* - L_{sr}jPe^{-jPq_m}\dot{q}_m\dot{q}_s^* + R_r\dot{q}_r^* - (k2/c)e_r$$

$$\dot{q}_e^* = \begin{bmatrix} \dot{q}_s^* \\ \dot{q}_r^* \end{bmatrix} = \begin{bmatrix} \left(\dfrac{L_r C_{em}^*}{L_{sr}P\beta^2}j + \dfrac{1}{L_{sr}}I_2 \right)e^{jPq_m\phi_r^{\alpha\beta^*}} \\ \dfrac{u_r^{\alpha\beta^*}}{R_r} - \dfrac{C_{em}^*}{PB^2}j\phi_r^{\alpha\beta^*} \end{bmatrix} \qquad (2.58)$$

où le couple désiré est définit par (2.55) et $e_e = \dot{q}_e - \dot{q}_e^*$; $K_2 = \dfrac{L_{sr}^2}{4\varepsilon}(P\dot{q}_m)^2$; $0 < \varepsilon < R_r$ et les équations des états du contrôleur :

$$\dot{\phi}_r^{\alpha\beta^*} = \frac{R_r C_{em}^*}{P\beta^2}j\phi_r^{\alpha\beta^*}(0) = \begin{bmatrix} \beta \\ 0 \end{bmatrix} \qquad (2.59)$$

$$\dot{Z} = aZ + b(\dot{q}_m - \dot{q}_m^*), \quad Z(0) = \dot{q}_m(0) - \dot{q}_m^*(0), \quad a,b > 0 \qquad (2.60)$$

Sous ces conditions, la loi de commande assure l'asservissement asymptotique de la vitesse ainsi que la régulation de la norme du flux rotorique; c'est à dire, la boucle fermée satisfait :

$$\lim_{t\to\infty}(\dot{q}_m - \ddot{q}_m^*) = 0, \quad \lim_{t\to\infty}\left\| \phi_r^{\alpha\beta} \right\| = \beta$$

COMMANDE PAR REGULATEUR PID

Le choix du couple désiré peut être choisi par plusieurs façons (régulateur classique ou basé sur une intelligence artificielle). On peut choisir par exemple, un régulateur PI ou PID pour assurer l'asservissement asymptotique global de la vitesse angulaire ou position du rotor (figure 2.5).

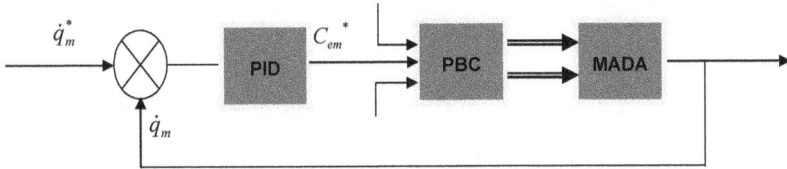

Figure2.5 : Structure d'une commande passive basée sur un PID

II.7 Résultats de simulation

Le contrôleur basé sur la passivité utilisé dans les paragraphes précédents a été testé sur la machine MADA avec les paramètres cités dans l'annexe A en utilisant le logiciel MATLAB/SIMULINK. Les paramètres de simulation utilisés sont : $\varepsilon = 1$, a=400, b=500, la norme de flux B=1.0253 Weber et la vitesse de rotation de référence est $\dot{q}_m^* = 150$ rad/s.

Les figures (2.6a), (2.6b), (2.6c), (2.6d) présentent respectivement les résultats obtenus du contrôleur PBC concernant la vitesse, le couple électromagnétique, le courant statorique et le flux rotorique de la MADA (Les paramètres de la machine sont supposés invariants). Pour deux références de vitesse angulaire de 100 rad /sec et 150 rad /sec, avec un couple de charge variant de 0 Nm à 10 Nm, les références sont toujours suivies par la machine MADA comme l'indiquent l'ensemble des réponses présentées avec un rejet total du couple de charge appliqué.

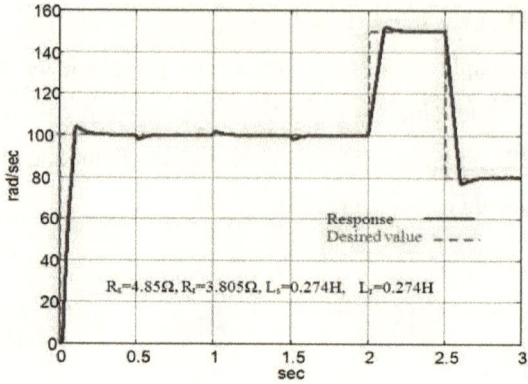

Figure2.6a : Vitesse de rotation

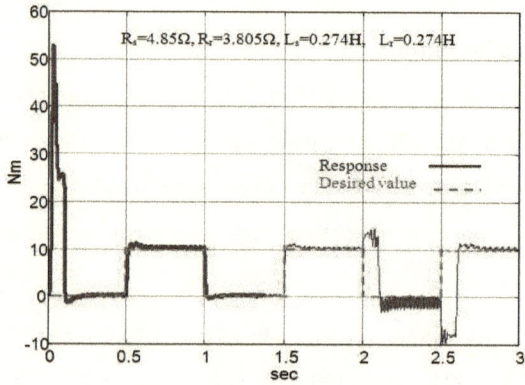

Figure2.6b : Couple électromagnétique

60

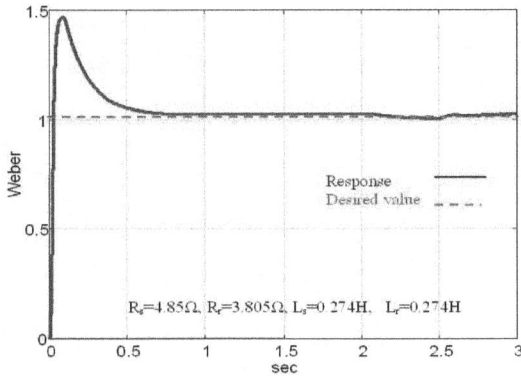

Figure2.6c : Flux rotorique

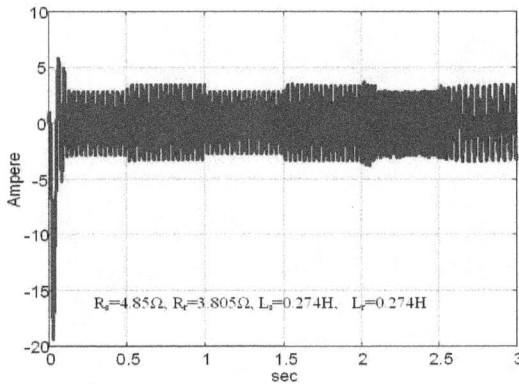

Figure2.6d : Courant rotorique de la phase A

Le test de robustesse concernant le changement des paramètres physiques de la MADA en utilisant le contrôleur PBC est vérifié. Il est basé sur l'augmentation des valeurs des résistances R_s et R_r de 75 %, et la réduction des valeurs des inductances L_s et L_r par 25 %.

On remarque que les résultats obtenus dans les figures 2.7a, 2.7b, 2.7c, 2.7d indiquent que les réponses de la vitesse, couple électromagnétique, courant statorique, flux rotorique ne sont pas affectés par ces changements.

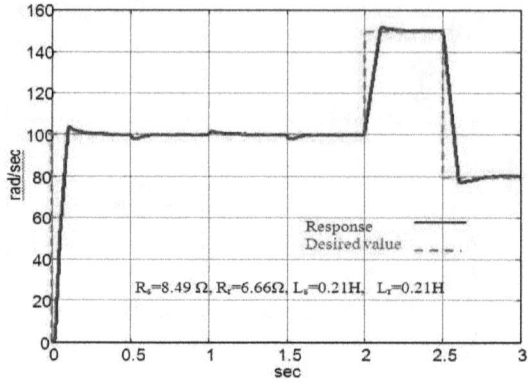

Figure2.7a : Vitesse de rotation

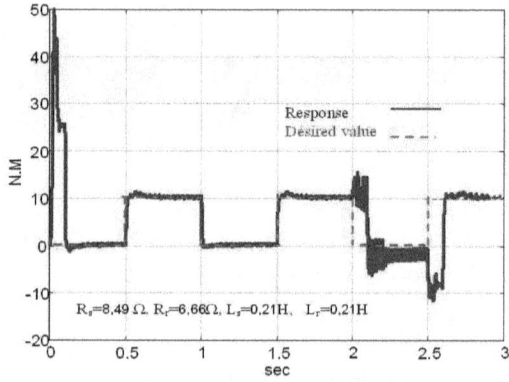

Figure2.7b : Couple électromagnétique

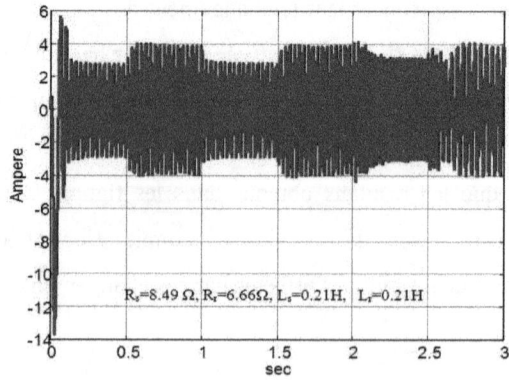

Figure2.7c : Courant statotrique de la phase A

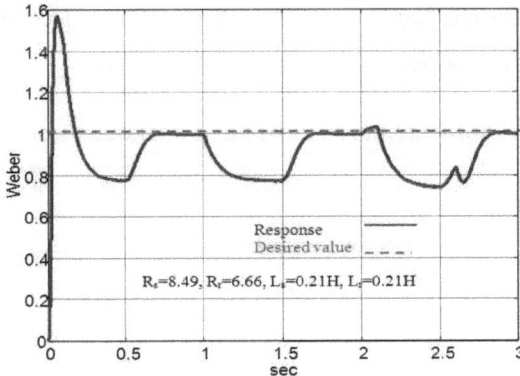

Figure2.7d : Flux rotorique

II.8 Conclusion

Ce chapitre a traité une commande non linaire basée sur la passivité de la MADA. Son principe général repose sur une formulation Lagrangienne de l'énergie totale mise en jeu dans le système. La commande passive proposée est une commande en tension. Notons que la commande en courant n'a pas été traitée dans notre travail mais elle pourra être établie suivant la même procédure.

La commande passive permet de répondre aux critères d'une commande élaborée à savoir la régulation du flux, l'asservissement du couple, régulation de vitesse …etc., et ce malgré la présence d'éventuelles erreurs de modélisation et/ou de présence de perturbations extérieures pouvant affecter la MADA. La commande passive permet de conférer à l'ensemble de la structure bouclée une robustesse très appréciable bien sûr tout en assurant une planification des trajectoires du flux, du couple et de la vitesse.

Parmi les avantages de la PBC on peut citer la réduction des fluctuations du couple au démarrage de la MADA et les pics courants au moment de changement des références. Cette technique permet alors une réalisation facile (implantation sécurisée des composants électroniques dans les circuits des convertisseurs) et un coût assez faible en comparaison avec d'autres commandes.

Dans le souci de peaufiner les différents résultats, déjà satisfaisants, nous avons pensé à introduire des parties floues. Ces dernières vont concerner deux retours

63

dynamiques non linéaires, en l'occurrence ceux du couple électromagnétique et du retour de sortie. Ces points feront l'objet du chapitre suivant.

CHAPITRE3 : CONCEPTION D'UN REGULATEUR FLOU POUR LA COMMANDE PASSIVE

III.1 Introduction

Les stratégies de commande développées dans le chapitre précédent ont permis de répondre aux différentes exigences de poursuite et de régulation. Cependant, afin d'améliorer les performances et la robustesse de la structure de commande basée sur la passivité, nous avons pensé à introduire une partie de contrôle flou dans le régulateur PBC [AIS-10]. Cette structure additive floue va concerner, d'une part, la régulation de vitesse (paramètres anciennement a et b), et, d'autre part, le retour dynamique de sortie (anciennement K_2).

Nous présentons dans ce chapitre les concepts de base de la logique floue et nous exposons tous les aspects méthodologiques nécessaires à la compréhension de cette méthode ainsi que son implantation dans le régulateur PBC.

III.2 Principes de la logique floue

En général, les connaissances dont nous disposons sur un système quelconque sont souvent incertaines ou vagues, soit parce que nous avons un doute sur leur validité ou alors nous éprouvons une difficulté à les exprimer clairement. En effet, le raisonnement humain est généralement fondé sur des données imprécises ou même incomplètes.

Il est donc nécessaire de penser à développer un nouveau type de raisonnement, appelé "*raisonnement approché*", qui permettra de traiter mathématiquement l'imprécis et l'incertain des systèmes à commander. Le premier à avoir évoqué ces possibilités de développement est L. A. ZADEH, qui, dès 1965 introduit la théorie de la logique floue [ZAD-65]. Cette nouvelle technique permet de prendre en considération des variables linguistiques dont leurs valeurs sont des mots ou des expressions du langage naturel, telle que *faible, élevée, rapide, lent, grand, petit.*

65

Nous présentons un exemple simple pour comprendre l'intérêt de la logique floue sur la logique classique :

Exemple1 :

Dans la logique classique, une vitesse peut être quantifiée par le terme *"faible"* ou *"élevée"*. Par contre dans la logique floue, des échelons d'appréciation intermédiaires de la variable vitesse sont possibles, celle-ci devient une variable linguistique dont les valeurs sont par exemple : *"très faible"*, *"faible"*, *"moyenne"*, *"élevée"*, *"très élevée"*.

ENSEMBLES FLOUS

La notion d'ensemble flou a pour but de permettre des gradations dans l'appartenance d'un élément à une classe, c'est-à-dire d'autoriser un élément à appartenir plus ou moins fortement à cette classe [BUH-94].

Afin de mettre en évidence cette notion, on introduit les définitions suivantes : Soit un ensemble de référence X continu ou discret d'objets dénotés $\{x\}$. Un ensemble classique A de X est défini sur un univers de discours par une fonction caractéristique μ_A qui prend la valeur 0 pour les éléments de X n'appartenant pas à A et la valeur 1 pour ceux qui appartiennent à A (figure 3.1). L'univers de discours est l'ensemble des valeurs réelles que peut prendre la variable floue X.

$$\mu_A : \quad X \rightarrow \{0,1\} \tag{3.1}$$

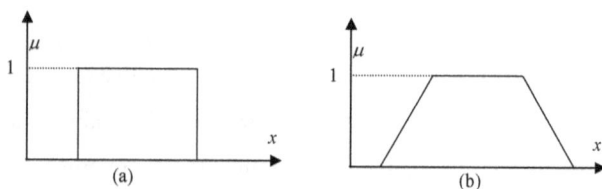

Figure (3.1): Exemple de fonctions d'appartenance : (a) logique classique ; (b) logique floue

Plus généralement, le domaine de définition de $\mu_A(x)$ peut être réduit à un sous-ensemble de X. Un ensemble flou A peut être représenté comme un ensemble de paires (élément générique, degré d'appartenance) ordonnées :

66

$$A = \{(x, \mu_A(x)) / x \in X\} \tag{3.2}$$

On adopte souvent la notation suivante pour représenter l'ensemble A, qui indique pour tout élément x de X son degré $\mu_A(x)$ d'appartenance à A :

$$A = \sum_{x \in X} \mu_A(x) / x, \quad \text{si } X \text{ est discret}$$
$$A = \int_x \mu_A(x) / x, \qquad \text{si } X \text{ est continu} \tag{3.3}$$

VARIABLE LINGUISTIQUE

Une variable linguistique est représentée par un triplet (V, X, T_V), dans lequel V est une variable (la vitesse, la température …) définie sur un ensemble de référence X , ses valeurs peuvent être n'importe quel élément de X. On note $T_V(A_1, A_2,...)$ un ensemble, fini ou infini, de sous-ensembles flous de X, qui sont utilisés pour caractériser V. Afin de permettre un traitement numérique, il est indispensable de les soumettre à une définition à l'aide de fonctions d'appartenance.

Par exemple, si la vitesse est interprétée comme une variable linguistique, alors son ensemble de termes est $T_{(vitesse)} = \{\text{lente, moyenne, rapide}...\}$ où chaque terme est caractérisé par un ensemble flou.

Ces termes peuvent être définis comme des ensembles flous dont les fonctions d'appartenance sont montrées sur la figure (3.2).

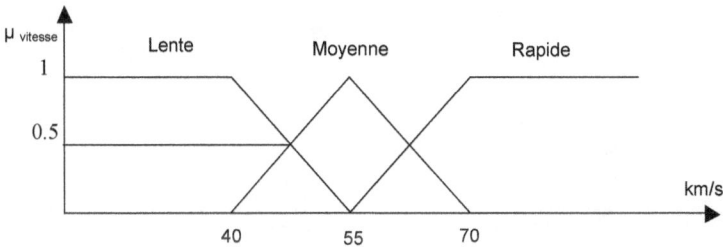

Figure (3.2) : Représentation Graphique des termes linguistiques

FONCTIONS D'APPARTENANCE

Une définition des variables linguistiques à l'aide des fonctions d'appartenance est nécessaire dans le but de traiter des déductions floues par calculateur. Dans ce contexte, est attribuée à chaque valeur de la variable linguistique une fonction d'appartenance μ, dont la valeur varie entre 0 et 1[NEM-01].

Le plus souvent, nous utilisons des fonctions d'appartenance de type triangulaire ou trapézoïdale, figure (3.3).

- Fonction triangulaire : L'allure est complètement définie par trois paramètres $\{a,b,c\}$.

$$\mu(x) = max\left(min\left(\frac{x-a}{b-a}, \frac{c-x}{c-b} \right), 0 \right) \tag{3.4}$$

- Fonction trapézoïdale : Elle est définie par quatre paramètres $\{a,b,c,d\}$.

$$\mu(x) = max\left(min\left(\frac{x-a}{b-a}, 1, \frac{d-x}{d-c} \right), 0 \right) \tag{3.5}$$

Figure (3.3) : Formes usuelles des fonctions d'appartenance

OPERATIONS SUR LES ENSEMBLES FLOUS

Tant que les fonctions caractéristiques des ensembles flous sont graduelles, l'extension de certaines opérations définies sur les ensembles classiques au cas des ensembles flous pose certaines difficultés. Donc, il n'est pas possible d'appliquer directement la logique classique qui manipule des ensembles à fonctions caractéristiques binaires (0 ou 1). Pour remédier à ce problème, les définitions d'outils nécessaires au traitement des ensembles flous sont introduites.

Soient A et B deux ensembles flous dans X ayant respectivement μ_A et μ_B comme fonctions d'appartenance. L'union, l'intersection, et le complément des ensembles flous sont définis à l'aide de leurs fonctions d'appartenance. Ces relations sont traduites par les opérateurs "*Et*", "*Ou*" et "*Non*" [BAG-99].

Les opérateurs les plus utilisés en logique floue sont donc :

L'opérateur " E*t* " correspond à l'intersection de deux ensembles A et B: Il peut être réalisé par la fonction "min" $\forall x \in X \quad \mu_D(x) = \min(\mu_A(x), \mu_B(x))$.

La fonction arithmétique "produit" : $\mu_{A \cap B}(x) = \mu_A(x).\mu_B(x)$

L'opérateur " O*u* " correspond à l'union de deux ensembles A et B. Il peut être réalisé par la fonction "max" $\forall x \in X \quad \mu_C(x) = \max(\mu_A(x), \mu_B(x))$.

La fonction arithmétique "somme": $\mu_{A \cup B}(x) = \mu_A(x) + \mu_B(x)$

L'opérateur " Non " : est réalisé par : $\mu_{\overline{A}}(x) = 1 - \mu_A(x)$

III.2 PROPOSITIONS FLOUES

PROPOSITIONS FLOUES ELEMENTAIRES

Une proposition floue élémentaire est définie à partir d'une variable linguistique (V, X, T_V) par la qualification «V est A», pour une caractérisation floue A, appartenant à T_V.

PROPOSITIONS FLOUES GENERALES

Une proposition floue générale est obtenue par la composition de propositions floues élémentaires « V est A », « W est B » … pour des variables linguistiques V, W… .

Plus généralement, on peut construire des propositions floues par conjonction, disjonction ou implication, par exemple de la forme « si V est A et W est B alors U est C » (si la taille est moyenne et le prix est peu cher, alors l'achat est conseillé).

Raisonnement en logique floue

Avec l'unique schéma de raisonnement (**Si** les conditions sont remplies, **Alors** la conclusion est validée) et les trois opérateurs **Et, Ou** et **Non**, nous pouvons déjà prendre un grand nombre de décisions logiques Nous produisons aussi une nouvelle information (une décision) à partir d'informations anciennes.

Le raisonnement flou fait appel à trois notions et étapes fondamentales :

⊗ l'implication floue,

⊗ l'inférence floue,

⊗ l'agrégation des règles.

IMPLICATION FLOUE

L'implication floue donne une information sur le degré de vérité d'une règle floue. En d'autres termes, on quantifie la force de véracité entre la prémisse et la conclusion. Considérons par exemple les deux propositions floues.

"x est A" ; "y est B"

x et y sont des variables floues et A et B des ensembles flous de l'univers du discours U.

Ainsi que la règle floue :   **Si** " x est A" **Alors** " y est B ".

L'implication floue donne alors le degré de vérité de la règle floue précédente à partir des degrés d'appartenance de x à A (prémisse) et de y à B (conclusion).

On notera implication : opérateur imp. (équivalent à l'opérateur Alors). Les normes d'implication les plus utilisées sont :

- La norme Mamdani $imp.(\mu_A(x), \mu_B(y)) = \min(\mu_A(x), \mu_B(y))$

$$(3.6)$$

- La norme Larsen $imp.(\mu_A(x), \mu_B(y)) = (\mu_A(x).\mu_B(y))$

INFERENCE FLOUE

Le problème tel qu'il se pose en pratique n'est généralement pas de mesurer le degré de véracité d'une implication mais bien de déduire, à l'aide de faits et de diverses règles implicatives, des événements potentiels. En logique classique, un tel raisonnement porte le nom de *Modus Ponens* (raisonnement par l'affirmation).

Si $p \Rightarrow q$ vrai   Alors   q   vrai

                    et   p   vrai

MATRICE D'INFERENCE

Elle rassemble toutes les règles d'inférences sous forme de tableau. Dans le cas d'un tableau à deux dimensions, les entrées du tableau représentent les ensembles flous des variables d'entrées (température : T et vitesse : V). L'intersection d'une colonne et d'une ligne donne l'ensemble flou de la variable de sortie définie par la règle. Il y a autant de cases que de règles.

71

U		T		
		F	*M*	E
V	F	Z	P	GP
	E	Z	Z	P

Table de la matrice d'inférence

Les règles que décrit ce tableau sont (sous forme symbolique) :

Si T est F **Et** V est F   **Alors** U = Z   **ou**

Si T est M **Et** V est F   **Alors** U = P   **ou**

Si T est E **Et** V est F   **Alors** U = GP   **ou**

Si T est F **Et** V est E   **Alors** U = Z   **ou**

Si T est M **Et** V est E   **Alors** U = Z   **ou**

Si T est E **Et** V est E   **Alors** U = P

Dans l'exemple ci-dessus, on a représenté les règles qui sont activées à un instant donné par des cases sombres :

Si (T est M **Et** V est F) **Alors** U = P   **Ou**

Si (T est E **Et** V est F) **Alors** U = GP

Il s'agit maintenant de définir les degrés d'appartenance de la variable de sortie à ses sous-ensembles flous. Nous allons présenter les méthodes d'inférence qui permettent d'y arriver. Ces méthodes se différencient essentiellement par la manière dont vont être réalisés les opérateurs (ici "*Et* " et "*Ou*") utilisés dans les règles d'inférence.

Les trois méthodes d'inférence les plus usuelles sont : Max–min, Max-produit et Somme-produit [BUH-94].

AGREGATION DES REGLES

Lorsque la base de connaissance comporte plusieurs règles, l'ensemble flou inféré est obtenu après une opération appelée agrégation des règles. En d'autres termes l'agrégation des règles utilise la contribution de toutes les règles activées pour en déduire une action de commande floue. Généralement, les règles sont activées en parallèle et son liées par l'opérateur " *Ou* ".

Nous pouvons considérer que chaque règle donne un avis sur la valeur à attribuer au signal de commande, le poids de chaque avis dépend du degré de vérité de la conclusion.

III.3 CONCEPTION D'UN CONTROLEUR FLOU

Après avoir énoncé les concepts de base et les termes linguistiques utilisés en logique floue, nous présentons la structure d'un contrôleur flou pour le contrôle de courant dans une machine électrique la sortie du régulateur flou est une tension [CHI-05].

En général, un contrôleur flou est un système qui associe à tout vecteur d'entrée $X=[x_1, x_2,..., x_n]$ un vecteur de sortie $Y=[y_1, y_2,....y_n]$ tel que $Y=F(X)$ où $F(X)$ est souvent une fonction non linéaire.

Le schéma de base d'un contrôleur flou repose sur la structure d'un régulateur classique en incorporant une forme incrémentale. Cette dernière donne en sortie, non pas la grandeur de commande à appliquer au processus mais plutôt l'incrément de cette grandeur [MER-07].

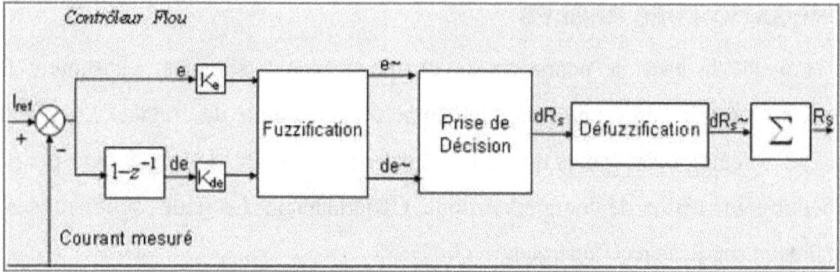

Figure (3.4) : Structure interne d'un contrôleur flou

Nous adoptons les notations suivantes :

- **e** : l'erreur. Elle est définie par la différence entre la consigne et la grandeur à réguler.

$$e(k) = e^*(k) - e(k) \qquad (3.7)$$

- **de** : la dérivée de l'erreur. Elle est approchée par :

$$de(k) = \frac{e(k) - e(k-1)}{T_e} \qquad (3.8)$$

- La sortie du régulateur est donnée par :

$$R_S(k) = R_S(k-1) + dR_S(k) \qquad (3.9)$$

Des facteurs d'échelle des gains sont utilisés en entrée et en sortie du contrôleur flou ; ils permettent de changer la sensibilité du régulateur flou sans en changer sa structure.

Les règles d'inférences permettent de déterminer le comportement du contrôleur flou. Elles doivent donc inclure des étapes intermédiaires qui leur permettent de passer des grandeurs réelles vers des grandeurs floues et vice versa ; ce sont les étapes de fuzzification et de defuzzification (figure 3.4)

- *Interface de fuzzification :*

Inclut les ensembles flous des variables d'entrée et leurs fonctions d'appartenance qui sont à définir en premier lieu.

74

L'étape de fuzzification permet de fournir les degrés d'appartenance de la variable floue à ses ensembles flous en fonction de la valeur réelle de la variable d'entrée.

- **La base de connaissance :**

Comprend une connaissance du domaine d'application et les buts du contrôle prévu. Elle est composée d'une base de données fournissant les définitions utilisées pour décrire les règles de contrôle linguistique et la manipulation des données floues dans le contrôleur.

Comme nous l'avons précédemment évoqué, une matrice ou table d'inférence pour cette étape est nécessaire. La construction d'une telle table d'inférence repose sur une analyse qualitative du processus.

On commence par utiliser un opérateur pour définir la description symbolique associée à la prémisse de la règle ; c'est-à-dire réaliser le " *Et* ". On passe ensuite à l'inférence proprement dite qui consiste à caractériser la variable floue de sortie pour chaque règle. C'est l'étape de la conclusion " *Alors* ".

Enfin, la dernière étape de l'inférence, appelée agrégation des règles, permet de synthétiser ces résultats intermédiaires.

La manière de réaliser les opérateurs va donner lieu à des contrôleurs flous différents. Les régulateurs les plus courants sont ceux de :

- Régulateur type Mamdani

- Régulateur type Sugeno

Ces régulateurs sont dits de type procédural. En effet, seule la prémisse est symbolique. La conclusion, qui correspond à la commande, est directement une constante réelle ou une expression polynomiale fonction des entrées.

L'établissement des règles d'inférence est généralement basé sur un des points suivants :

- L'expérience de l'opérateur et/ou du savoir-faire de l'ingénieur en régulation et contrôle.

- Un modèle flou du processus pour lequel on souhaite synthétiser le régulateur.

- Les actions de l'opérateur ; s'il n'arrive pas à exprimer linguistiquement les règles qu'il utilise implicitement.

- L'apprentissage. La synthèse des règles se fait par un procédé automatique également appelé superviseur.

L'évaluation des règles d'inférence étant une opération déterministe. Il est tout à fait envisageable de mettre ce contrôleur sous forme de tableau. Il reste, toutefois, intéressant dans certains systèmes complexes, de garder l'approche linguistique plutôt que d'avoir à faire à un nombre trop important de valeurs précises.

De plus, un algorithme linguistique peut être examiné et discuté directement par quelqu'un qui n'est pas l'opérateur mais qui possède de l'expérience sur le comportement du système.

La formulation linguistique de la sortie permet également d'utiliser le régulateur flou en boucle ouverte donnant ainsi à l'opérateur les consignes à adopter.

Si, après inférence, on se retrouve avec un ensemble flou de sortie caractérisé par l'apparition de plus d'un maximum ; cela révèle l'existence d'au moins deux règles contradictoires. Une grande zone plate, moins grave de conséquence, indiquerait que les règles, dans leur ensemble, sont faibles et mal formulées (figures 3.5 et 3.6).

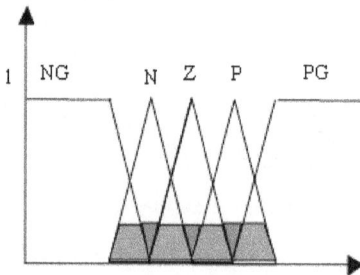

Figure (3.5) : Cas de règles floues contradictoires

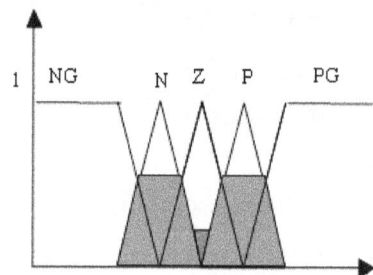

Figure (3.6) : Cas de règles floues mal formulées

- **La logique de prise de décision :**

C'est le noyau du contrôleur flou. Cette logique est capable de simuler la prise de décision de l'être humain en se basant sur les concepts flous et les règles d'inférences en logique floue.

- **L'inférence de defuzzification :**

Contient une cartographie d'échelle convertissant la plage des variables de sortie aux univers de discours appropriés. La defuzzification fournit une action de contrôle (physique) à partir d'une action de contrôle flou pour pouvoir définir la loi de commande. Le contrôleur flou doit être accompagné d'une procédure de defuzzification jouant le rôle de convertisseur de la commande floue en valeur physique nécessaire pour un tel état du processus. Il s'agit de calculer, à partir des degrés d'appartenance à tous les ensembles flous de la variable de sortie, l'abscisse qui correspond à la valeur de cette sortie.

Plusieurs stratégies de defuzzification existent. Les plus utilisées sont [BAG-99], [MER-07] :

- Méthode du maximum

- Méthode de la moyenne des maxima

- Méthode du centre de gravité

- Méthode des hauteurs pondérées

III.3 Conception d'un régulateur flou de vitesse pour la MADA

Nous allons maintenant illustrer les principes du contrôleur flou sur l'exemple de la régulation de vitesse de la machine asynchrone double alimentée. La phase de conception d'un contrôleur flou passe toujours par plusieurs phases que nous allons détailler dans ce qui suit.

77

III.3.1 CHOIX DES ENTREES ET SORTIES

Il s'agit de déterminer les caractéristiques fonctionnelles et opérationnelles du contrôleur en respectant les deux contraintes suivantes :

1. Le choix des variables d'entrée et de sortie repose sur le type de contrôle que l'on veut réaliser, le paramètre qu'on souhaite à ajuster pour obtenir la commande.

2. Il faudra ensuite se pencher sur le domaine des valeurs que pourront prendre ces variables. On partitionnera alors ces domaines en intervalles, auxquels on associera un label descriptif (variable linguistique). Cette étape revient à définir les univers des discours des variables d'entrée et de sortie et les diviser en sous-ensembles flous. Cette répartition est intuitive et basée sur l'expérience. On est d'ailleurs généralement amené à l'affiner en cours de conception. Une règle de bonne pratique est de fixer 5 à 9 intervalles par univers de discours. Il faut également prévoir un plus grand nombre de zones à proximité du point de fonctionnement optimal pour en faciliter l'approche régulière [GHO-96], [BAU-95].

III.3.2 REGULATEUR DE VITESSE

Dans le cas de la régulation de vitesse, on a besoin habituellement de l'erreur ($e = \dot{q}_m^* - \dot{q}_m$) et de la dérivée d'erreur (d_e) et parfois de l'intégration d'erreur :

$$e(k) = e = \dot{q}_m^*(k) - \dot{q}_m(k)$$
$$de(k) = e(k) - e(k-1)$$

$$(3.12)$$

La sortie du régulateur de vitesse est généralement la valeur référentielle du couple qui va s'appliquer dans notre *commande passive*. Cette sortie s'applique habituellement dans la conception de la commande vectorielle. Selon la sortie appliquée, il existe plusieurs types de contrôleurs flous. Si cette sortie est directement appliquée au processus, le contrôleur est alors appelé contrôleur flou de type PD. On peut écrire : $C_{em}^* = F_{fuzzy}(e, de)$ (où F_{fuzzy} dénote le contrôleur flou) [DEM-90], [MER-07].

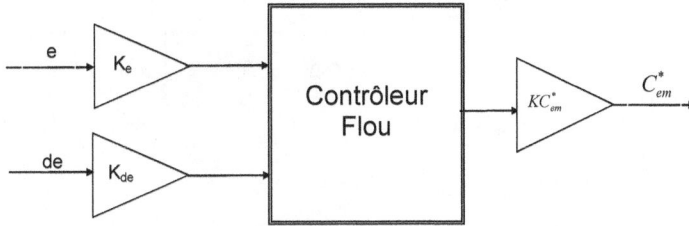

Figure (3.7) : Contrôleur flou de type PD

Par contre, si la sortie du contrôleur flou est considérée comme un incrément de commande, le contrôleur est appelé contrôleur flou de type PI.

On peut alors écrire $C^*_{em} = F_{fuzzy}(e, de)$; $C^*_{em} = F_{fuzzy}\left(\int e dt, de\right)$

$$Te(k) = dte(k) + Te(k-1) \tag{3.13}$$

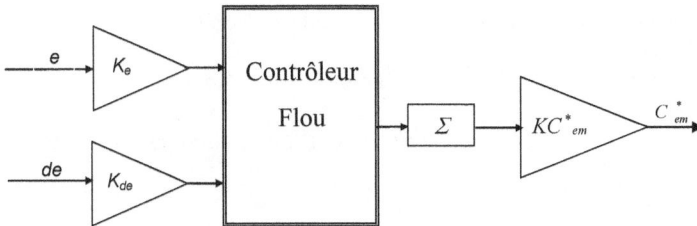

Figure (3.8) Contrôleur flou de type PI

Le contrôleur de type PID peut être obtenu en combinant des contrôleurs flous de type PI et PD de façon suivante :

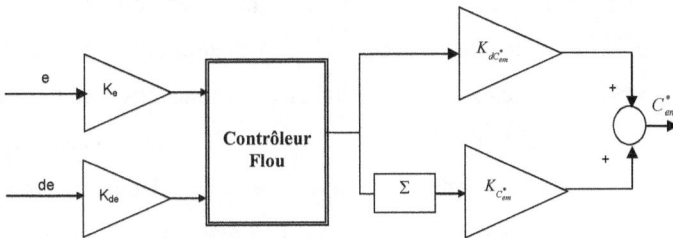

Figure (3.9) Contrôleur flou de type PID

Comme les fonctions d'appartenance sont normalisées entre [-1, 1], les variables sont multipliées avec des gains proportionnels (X, Y, W). Finalement, la structure du régulateur de vitesse à logique floue est la suivante :

79

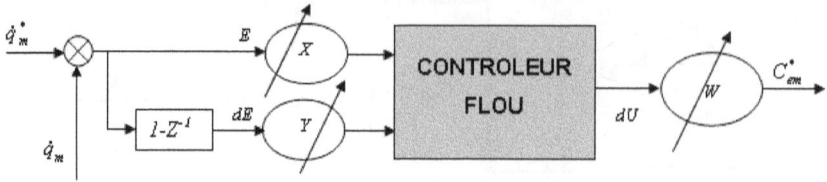

Figure (3.10) : Structure du régulateur de vitesse à logique floue

Le contrôleur flou de la figure 3.10 est composé de :

- Bloc de calcul de variation de l'erreur au cours du temps (de) ;

- Facteurs d'échelles associés à l'erreur, à sa dérivée et à la commande (C^*_{em})

- Bloc de fuzzification de l'erreur et de sa variation ;

- Règles de contrôle flou et d'un moteur d'inférence ;

- Bloc de defuzzification utilisé pour la variation de la commande floue en valeur numérique;

- Bloc intégrateur ;

III.3.3 DEFINITION DES FONCTIONS D'APPARTENANCE

La première étape de conception a permis de cerner au mieux les caractéristiques linguistiques des variables. Il faut maintenant définir complètement les sous-ensembles flous, c'est-à-dire expliciter leurs fonctions d'appartenance. Une fois encore, l'intuition et l'expérience auront leur rôle à jouer. Quelques principes ressortent de la pratique : choix de fonctions triangulaires ou trapézoïdales, recouvrement d'une fonction de 10 à 50% de l'espace des sous-ensembles voisins, somme des degrés d'une zone de recouvrement égale à 1 (degré maximal d'appartenance) [GHO-96], [BAU-95].

Exemple 2

Les fonctions d'appartenance des variables d'entrée sont illustrées dans figure (3.11) avec :

NB : Negative   PB : Positive Big

NM : Negative Medium   PM : Positive Medium

NS : Negative Small   PS : Positive Small

ZE : Zero

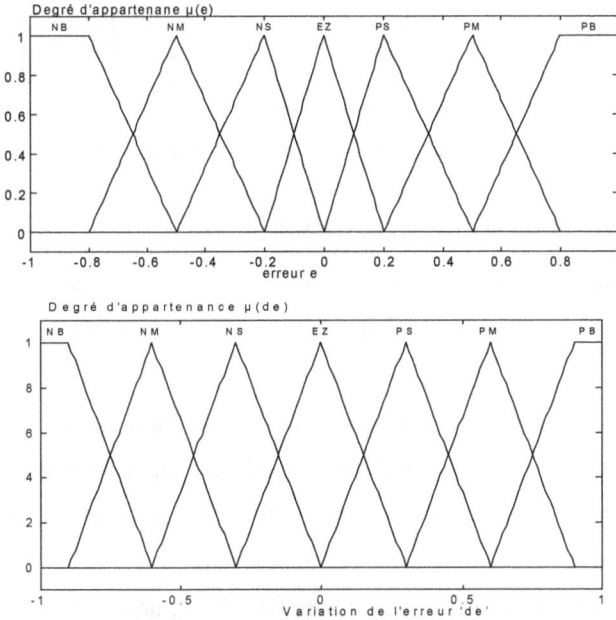

Figures (3.11) Fonctions d'appartenance des variables d'entrée

On constate que les fonctions d'appartenance de l'erreur ont une forme asymétrique créant une concentration autour de zéro qui améliore la précision près du point de fonctionnement désiré.

Pour la même raison, les formes des fonctions d'appartenance de la variable de sortie de la figure (3.12) sont également asymétriques. Cependant, nous introduisons deux sous-ensembles additionnels contenant de la sensibilité de cette variable [BAU-95].

NVB: Negative Very Big

PVB: Positive Very Big

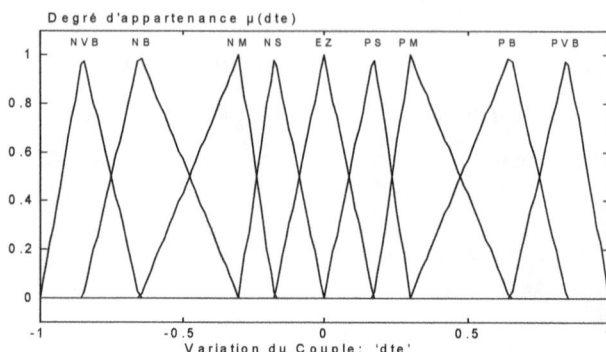

Figure (3.12) Fonctions d'appartenance de la variables de sortie

III.3.4 COMPORTEMENT DU CONTROLEUR FLOU

Cette étape concerne l'élaboration de la base de règle du contrôleur et la détermination du jeu de règles en analysant le comportement dynamique du système à commander.

L'analyse temporelle, qui doit conduire à établir les règles du contrôleur flou, peut par exemple consister à considérer la réponse à un échelon d'un processus à piloter en fonction des objectifs que l'on se fixe en boucle fermée, et à écrire les règles pour chaque type de comportement du processus :

a)- Pour expliquer la procédure à suivre [DEM-90], on considère les neuf points indiqués sur la réponse à un échelon de la figure (3.13), pour chacun de ces points, on explicite l'expertise sous la forme suivante :

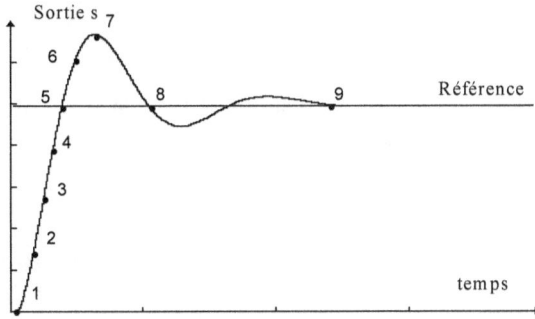

Figure (3.13) Ecriture du jeu de règles grâce à une analyse temporelle

1. Si e = PB Et de = ZE   Alors du = PB (départ, commande importante)

2. Si e = PB Et de = NS   Alors du = PM (augmentation de la commande pour gagner l'équilibre)

3. Si e = PM Et de = NS   Alors du = PS (très faible augmentation de U pour ne pas dépasser)

4. Si e = PS Et de = NS Alors du = ZE (convergence vers l'équilibre correcte)

5. Si e = ZE Et de = NS Alors du = NS (freinage du processus)

6. Si e = NS Et de = NS Alors du = NM   (freinage et inversion de la variation de la commande)

7. Si e = NM Et de = ZE Alors du = NM   (rappel du processus vers l'équilibre correcte)

8. Si e = NS Et de = PS Alors du = ZE (convergence vers l'équilibre correcte)

9. Si e = ZE Et de = ZE Alors du = ZE   (équilibre)

83

En décrivant point par point le comportement du processus et l'action de variation de commande à appliquer, on en déduit la table suivante (table du contrôleur flou de base) qui correspond en fait la table de règles très connue de Mac Vicar - Whelan de la figure (3.14) [DEM-90]:

e \ De	NB	NM	NS	ZE	PS	PM	PB
PB	ZE	PS	PM	PB	PB	PB	PB
PM	NS	ZE	PS	PM	PB	PB	PB
PS	NM	NS	ZE	PS	PM	PB	PB
ZE	NB	NM	NS	ZE	PS	PM	PB
NS	NB	NB	NM	NS	ZE	PS	PM
NM	NB	NB	NB	NM	NS	ZE	PS
NB	NB	NB	NB	NB	NM	NS	ZE

Figure (3.14) : Table de Règles de MacVicar-Whelan

b)- Pour déduire les autres règles, nous procédons à nouveau à une autre expertise [IBA-95], [MER-07]. La forme générale de la réponse de vitesse est représentée sur la figure (3.15). Selon l'amplitude de $e,$ le signal de la réponse de vitesse est divisé en quatre régions. Les indices utilisés pour identifier chaque région sont définis comme suit :

a_1 : e > 0 et de < 0, a_2 : e < 0 et de < 0, a_3 : e < 0 et de > 0, a_4 : e > 0 et de > 0,

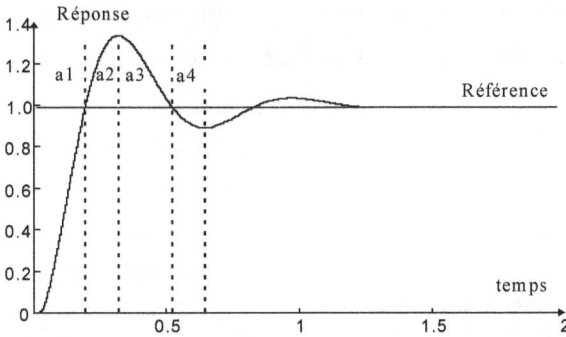

Figure (3.15) : Ecriture du jeu de règles grâce à une analyse temporelle

Pour identifier la pente de la réponse lors du passage par le point de référence comme le montre la figure (3.16), on utilise l'indice c_i défini comme suit :

$$c_1 : (e > 0 \rightarrow e < 0) \text{ et de} <<< 0$$

$$c_2 : (e > 0 \rightarrow e < 0) \text{ et de} << 0$$

$$c_3 : (e > 0 \rightarrow e < 0) \text{ et de} < 0$$

$$c_4 : (e < 0 \rightarrow e > 0) \text{ et de} > 0$$

$$c_5 : (e < 0 \rightarrow e > 0) \text{ et de} >> 0$$

$$c_6 : (e < 0 \rightarrow e > 0) \text{ et de} >>> 0$$

Quant à l'indice représentatif du dépassement de la consigne, il est défini par :

$$m_1 : de \approx 0 \text{ et } e <<< 0 \qquad m_4 : de \approx 0 \text{ et } e > 0$$

$$m_2 : de \approx 0 \text{ et } e << 0 \qquad m_5 : de \approx 0 \text{ et } e >> 0$$

$$m_3 : de \approx 0 \text{ et } e < 0 \qquad m_6 : de \approx 0 \text{ et } e >>> 0$$

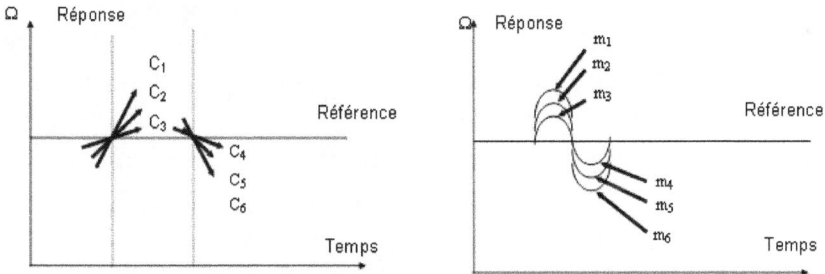

Figure (3.16) : Comportement dynamique de la réponse de vitesse

85

Cet ensemble de règles regroupe toutes les situations possibles du système évaluées par les différentes valeurs attribuées à "e", sa variation "de" et toutes les valeurs correspondantes de la variation de la commande dte. Les trois types d'indices mentionnés ci-dessous peuvent être combinés et former un plan d'état.

e / de	NB	NM	NS	ZE	PS	PM	PB
NB				C_1			
NM		a2		C_2		a$_1$	
NS				C_3			
ZE	m$_1$	m$_2$	M$_3$	ZE	m$_4$	m5	m$_6$
PS				C_4			
PM		a$_3$		C_5		a4	
PB				C_6			

Figure (3.17) :Table de Règles linguistiques de contrôle

Le tableau de la figure (3.17) est légèrement modifié pour tenir compte d'un enrichissement de la variable de sortie qui est formée de neuf valeurs floues.

		E						
		NB	NM	NS	ZE	PS	PM	PB
	NB	NVB	NVB	NVB	NB	NM	NS	ZE
	NM	NVB	NVB	NB	NM	NS	ZE	PS
de	NS	NVB	NB	NM	NS	ZE	PS	PM
	ZE	NB	NM	NS	ZE	PS	PM	PB
	PS	NM	NS	ZE	PS	PM	PB	PVB
	PM	NS	ZE	PS	PM	PB	PVB	PVB
	PB	ZE	PS	PM	PB	PVB	PVB	PVB

Figure (3.18) : table de base de règles du régulateur de vitesse modifié

Dans le tableau de la figure (3.18), chaque élément formalise une règle comme, par exemple :

Si [e(k) est NM] Et [de(k) est ZE], ALORS [dte(k) est NM].

L'évaluation des gains proportionnels provient de l'expérience. Pour le gain X, par exemple, on peut commencer avec un facteur qui dépend de l'erreur maximale. Effectivement ces valeurs font partie de la procédure d'évaluation par simulation

III.4 Association de la commande floue et de la PBC pour la MADA

III.4.1 ELABORATION D'UN COUPLE ELECTROMAGNETIQUE FLOU

Dans ce qui suit, on s'intéresse à élaborer le couple électromagnétique C_{em}^* via une structure floue permettant également la prise en compte du réglage de la vitesse. Cette démarche doit préserver les caractéristiques principales de la passivité

87

notamment les coordonnées désirées de la machine MADA présentées par les équations 2.56, 2.57, 2.58, 2.59.

La figure 3.19 présente le schéma du contrôle passif utilisant un bloc de logique floue pour un couple désiré. Pour implanter la technique floue, la méthode Max Min pour l'algorithme d'inférence est sélectionnée en conjonction avec la méthode de centroïde pour la defuzzification [AIS-09].

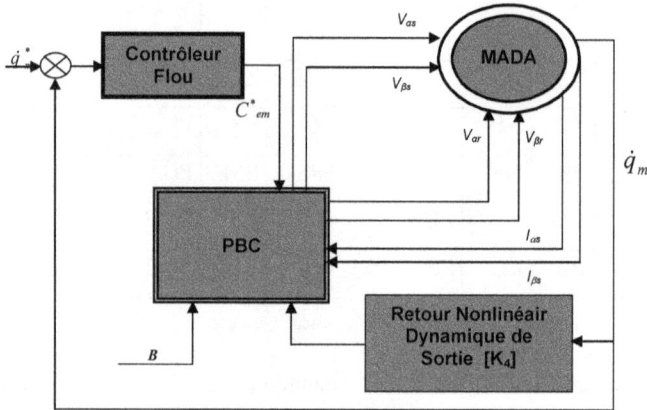

figure 3.19 : Schéma du contrôle passif utilisant un bloc de logique floue

Pour minimiser le nombre important des règles floues des tables précédentes, le choix est tombé sur la table de règles linguistiques de la figure 3.20 présentées dans [ZHA-02].

de \\ e	NB	NS	Z	PS	PB
NB	*NB*	*NB*	*NS*	*NS*	*Z*
NS	*NB*	*NS*	*NS*	*Z*	*PS*
Z	*NS*	*NS*	*Z*	*PS*	*PS*
PS	*NS*	*Z*	*PS*	*PS*	*PB*
PB	*Z*	*PS*	*PS*	*PB*	*PB*

Figure 3.20 : table de Règles de contrôle liguistique optimisées.

Les définitions linguistiques des fonctions d'inférences sont :

NB (Negative big), NS (Negative small), Z (Zero), PS (Positive small) et

PB (Positive big). Quelques règles de cette table sont illustrées comme suit :

Règle 1: Si e est Z et de est Z   alors C_{em}^{*} est Z

Règle 2: Si e est PS et de est Z   alors C_{em}^{*} est PS

Règle 3: Si e est Z   et de est NS alors C_{em}^{*} est NS

Pour les même références et conditions de simulation de la machine MADA du chapitre précédent et les coefficients flous x=0.0026, y=10.52,z=20 nous avons obtenus les résultats des figures suivantes :

Changement de référence vitesse de 157rad/s ,-157rad/s

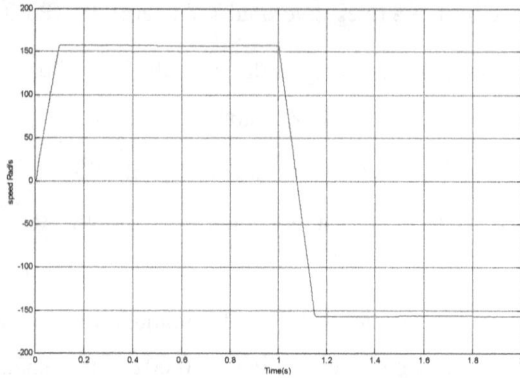

Figure 3.21a : Vitesse de rotation

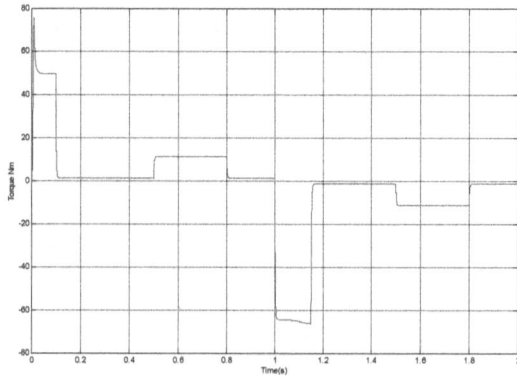

Figure 3.21b : Couple éléctromagnétique

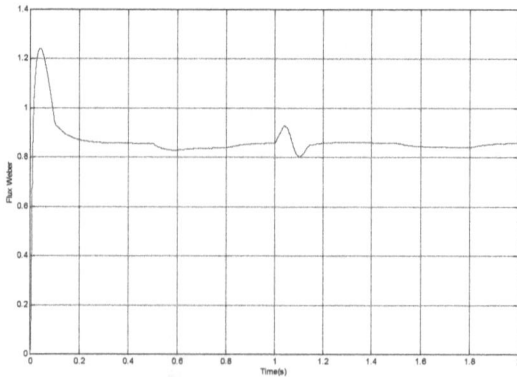

Figure 3.21c : Flux total rotorique

90

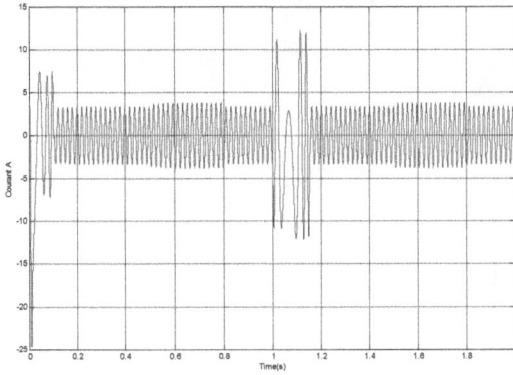

Figure 3.21d : Courant statorique phase A

Changement de référence vitesse ref=20rad/s et couple de charge C_r=[10Nm -15Nm]

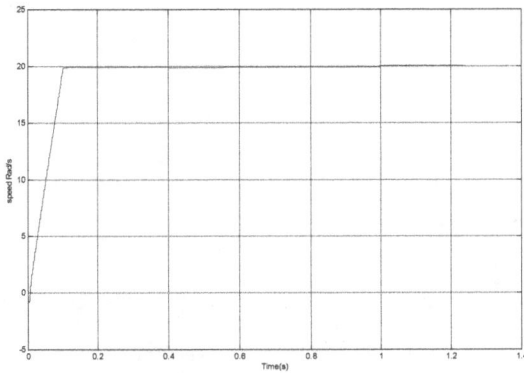

Figure 3.22a : Vitesse de rotation

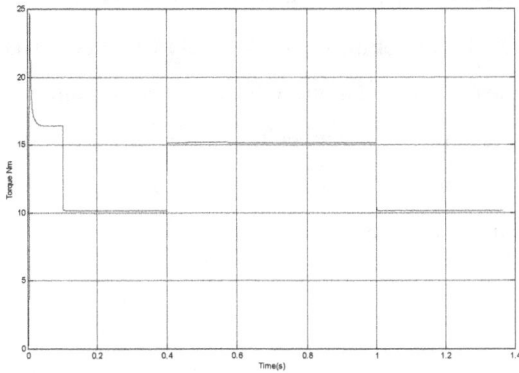

Figure 3.22b : Couple électromagnétique

91

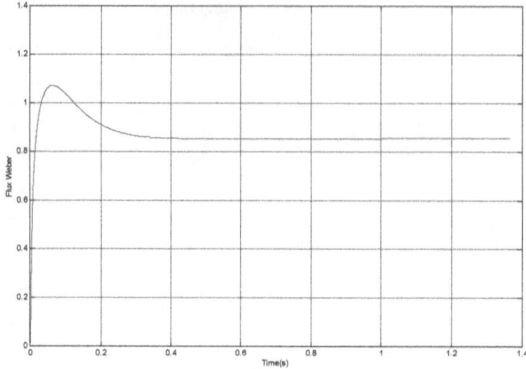

Figure 3.22c : Flux total statoorique

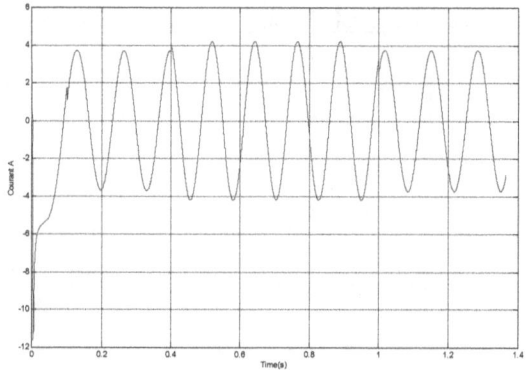

Figure 3.22d : Courant statorique

III.4 .2 REGULATEUR FLOU DU RETOUR DE SORTIE DYNAMIQUE K_2

Afin d'améliorer les performances de la MADA pilotée par la commande basée sur la passivité, nous avons remarqué que le retour dynamique de sortie est une fonction de la vitesse rotorique variant dans le temps [AIS-10]. Dans ce cas, le réglage de la vitesse a une influence directe sur ce coefficient dynamique donné par l'équation 2.58 que nous rappelons ci-dessous :

$$K_2 = \frac{L_{sr}^2}{4\varepsilon}\left(P\dot{q}_m\right)^2 ; 0 < \varepsilon < R_r$$

Plusieurs façons se présentent pour synthétiser le coefficient floue K_2, soit en introduisant une fonction de lyapounov floue qui assure la minimisation d'un critère quadratique de l'erreur sur K_2 et sa variation [JEN-07], soit en introduisant le régulateur flou du coefficient K_2 qui assure la convergence asymptotique.

Dans notre cas la deuxième alternative est choisie [AIS-10]. Les entrées du régulateur sont : erreur de vitesse "e" et sa variation "de". La figure 3.23 donne la table des règles linguistiques qui assurent le calcul du retour dynamique en conférant au système sa stabilité globale.

La figure 3.24 illustre les fonctions d'appartenance de sortie de type triangulaire avec les définitions linguistiques suivante: Z (Zero), PS (Positive Small), PM (Positive Medium), PB (Positive Big), PVB (Positive Very Big), les fonctions d'appartenance des entrées .

e \ de	NB	NS	Z	PS	PB
NB	Z	Z	PS	PS	PS
NS	PS	PS	PM	PM	PM
Z	PM	PM	PB	PB	PB
PS	PB	PB	PVB	PVB	PVB
PB	PVB	PVB	PVB	PVB	PVB

Figure 3.23 : Table de Règles liguistique du retour dynamique K_2

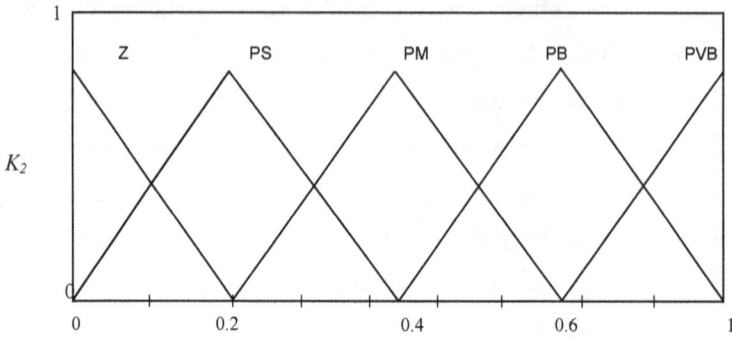

Figure 3.24 : Fonctions d'appartenance du retour dynamique

Le retour dynamique de sortie floue a été simulé et testé pour des références de "*vitesse basse* "de 20rad/s (200tours /min) avec des essais de robustesse concernant le changement des paramètres physiques de la MADA, changement du couple charge et un changement du sens de rotation du rotor. Les tests appliqués sont similaires à ceux présentés dans [MIL-07]

Référence vitesse [20rad/s,-20rad/s] et L_r soit $2L_r$

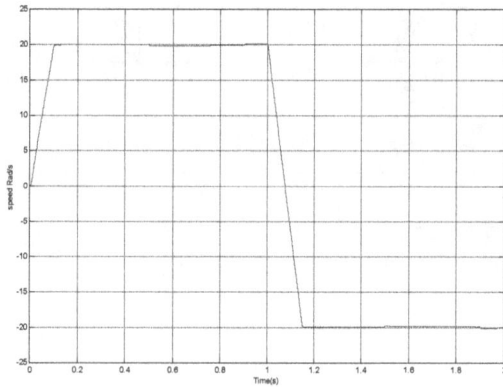

Figure 3.25a : Vitesse de rotation

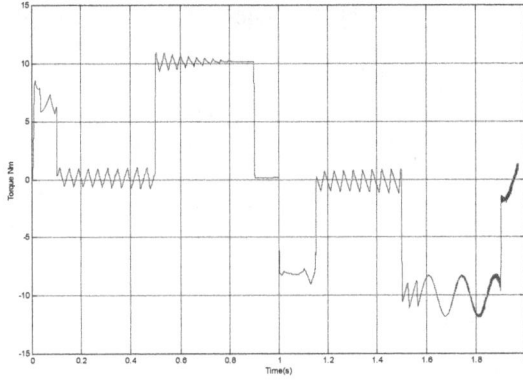

Figure 3.25b : Couple électromagnétique

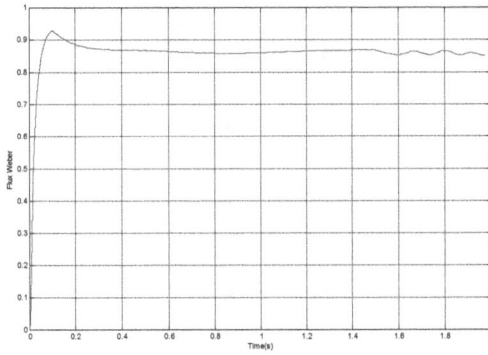

Figure 3.25c : Flux totale rotorique

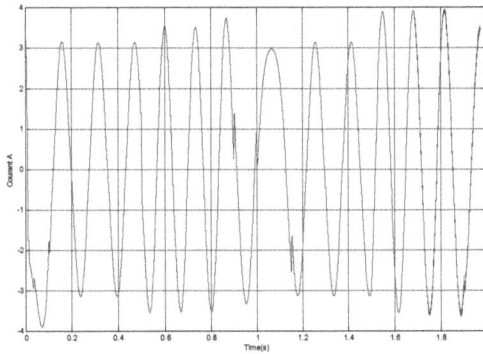

Figure 3.25d : Courant statorique phase A

95

Référence vitesse [20rad/s,-20rad/s] et f prend 10 fois sa valeur initiale

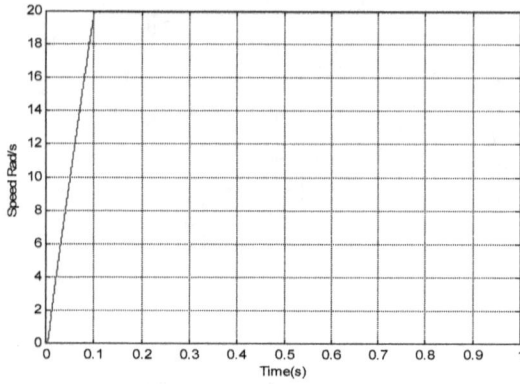

Figure 3.26a : Vitesse de rotation

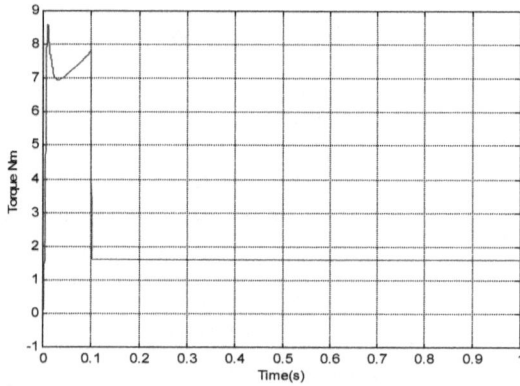

Figure 3.26b : Couple électromagnétique

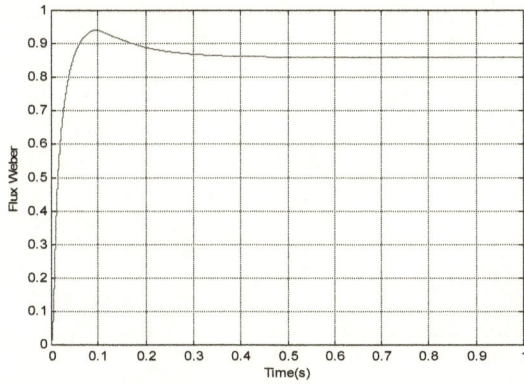

Figure 3.26c : Flux total rotorique

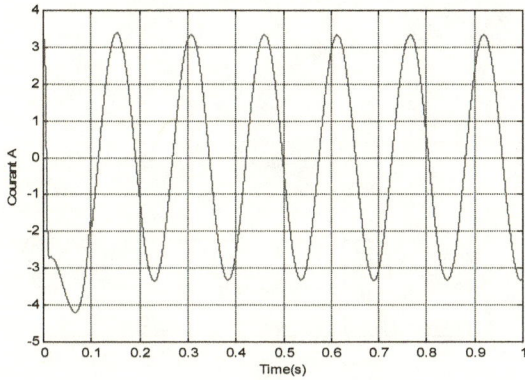

Figure 3.26d : Courant statorique phase A

Référence vitesse [20rad/s,-20rad/s] et J prend 10 fois sa valeur initiale

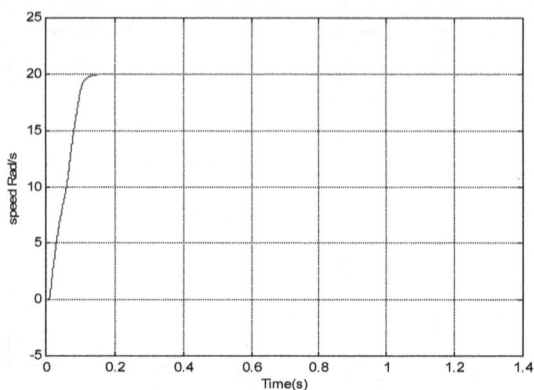

Figure 3.27a : Vitesse rotorique

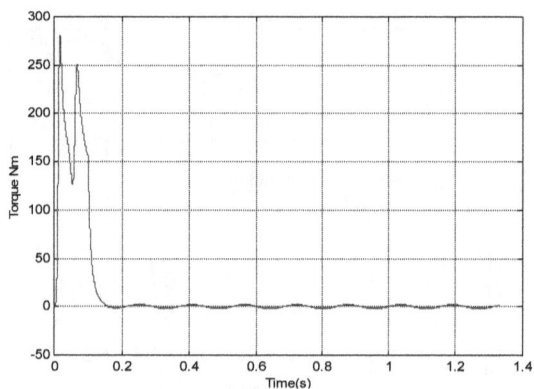

Figure 3.27b : Couple électromagnétique

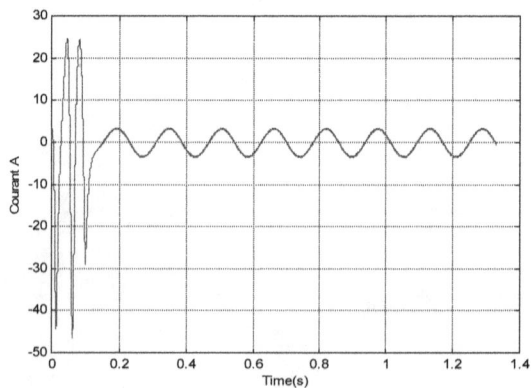

Figure 3.27c : Courant statorique phase A

98

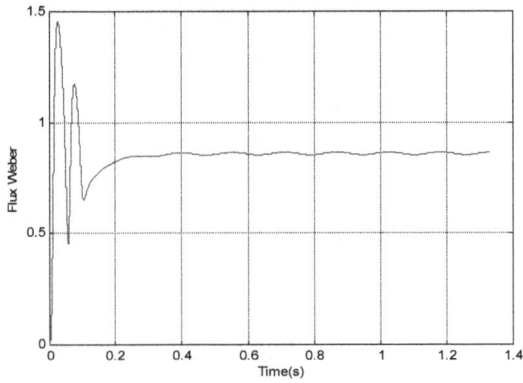

Figure 3.27d : Flux totale rotorique

$R_s = 2 * R_s$

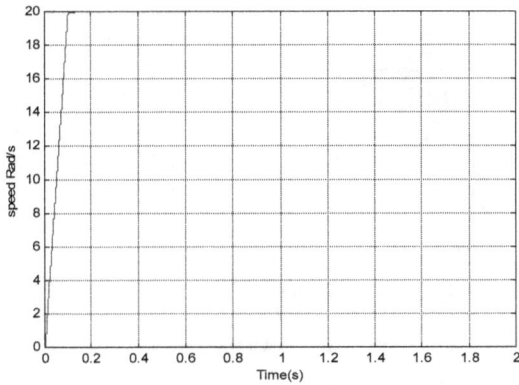

Figure 3.28a : Vitesse rotorique

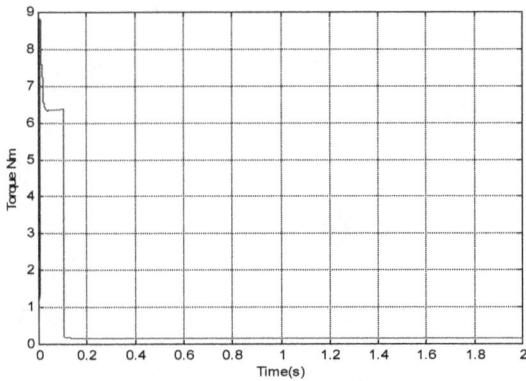

Figure 3.28b : Couple électromagnétique

99

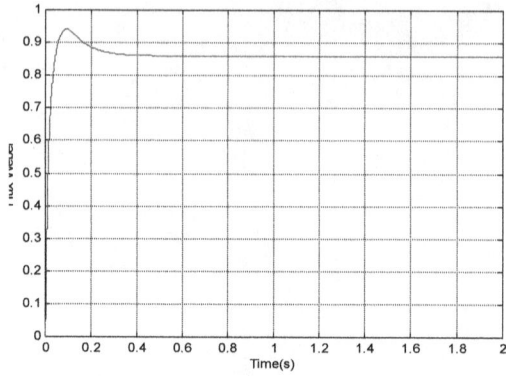

Figure 3.28c : Flux total rotorique

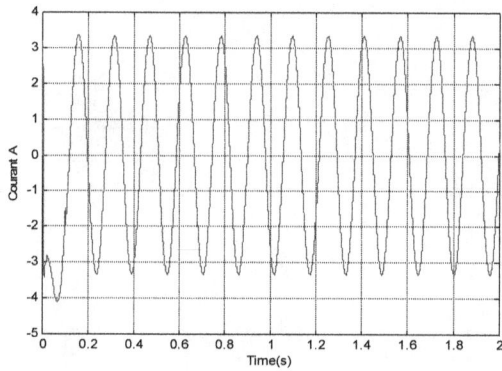

Figure 3.28d : Courant statorique phase A

$R_s=2*R_s$ dans [0.4s 0.8s] ensuite $8*R_s$ dans [0.8s 2s]

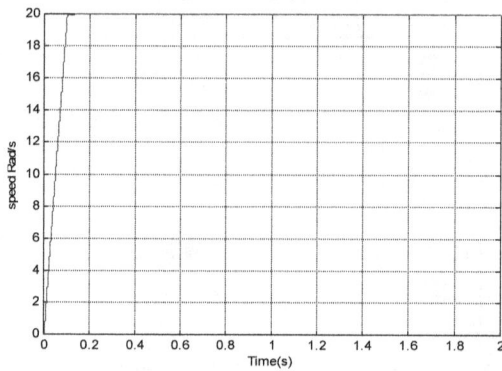

Figure 3.29a : Vitesse rotorique

100

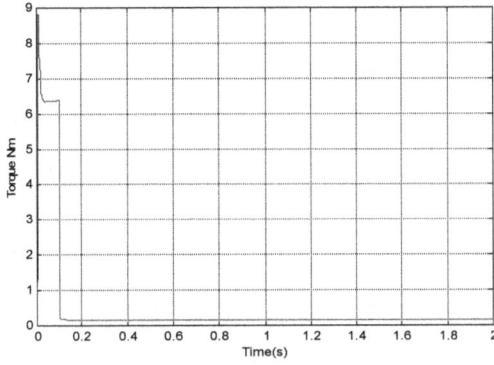

Figure 3.28b : Couple électromagnétique

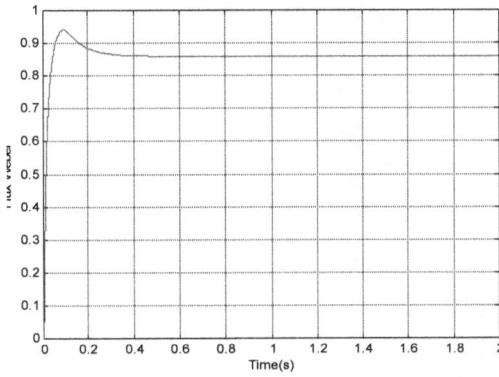

Figure 3.28c : Flux totale rotorique

$\underline{L_r = 2 * L_r}$

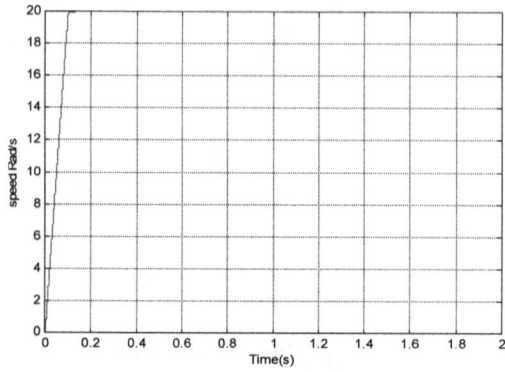

Figure 3.29a : Vitesse Rotorique

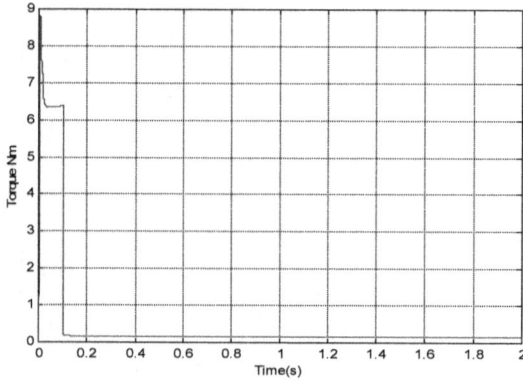

Figure 3.29b : Couple électromagnétique

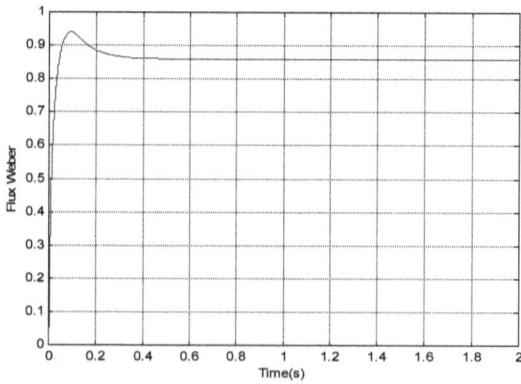

Figure 3.29c : Flux totale rotorique

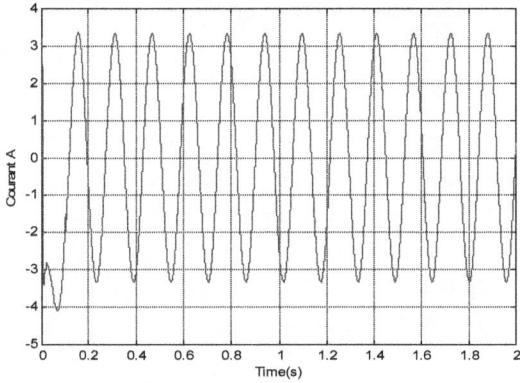

Figure 3.29d : Courant statorique phaseA

$R_r=3*R_r$

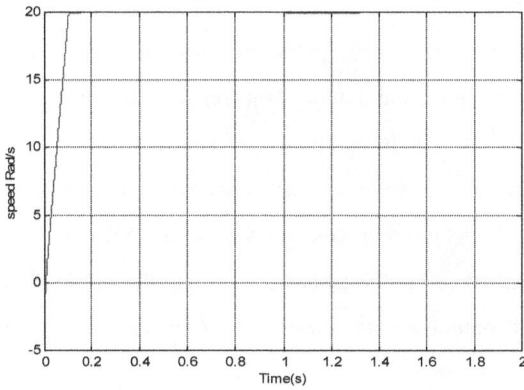

Figure 3.30a : Vitesse rotorique

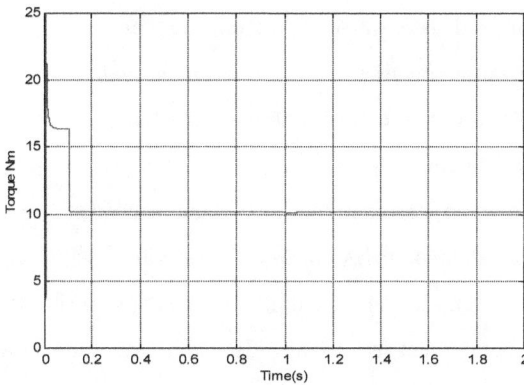

103

Figure 3.30b : Couple électromagnétique

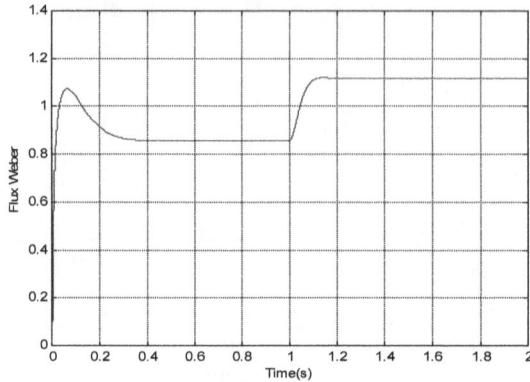

Figure 3.30c : Flux total rotorique

III.5 Conclusion

Dans ce chapitre nous avons présenté l'insertion d'une technique intelligente (logique floue) dans une commande non linéaire basée sur la passivité. Cette association possède d'après les résultats de simulations de bonnes performances spécialement quand le système est soumis à des références variables de vitesse et du couple de charge. Le contrôleur flou de vitesse a contribué positivement dans le réglage en basse vitesse (20 rad/s) avec changement du sens de rotation.

Les résultats obtenus sont meilleurs comparativement aux résultats déjà existants

[MIL-07], [AKA-08], [NEM-04] notamment pour des changements brusques des références, des marges de robustesse et du temps de réponse.

Au cours de notre travail nous nous sommes également intéressés au retour dynamique de sortie. En effet, cette dernière est une fonction quadratique à minimiser dans le sens de Lyapounov. Nous avons alors incorporé la technique floue pour remplacer cette fonction par une fonction floue. Le choix de cette dernière est focalisé sur un régulateur dont les entrées sont la vitesse et sa variation, et dont la sortie est le gain K_2 variable dans le temps. Les résultats de simulations obtenus sont très satisfaisants notamment en termes de suivie de trajectoire et de rejet de perturbation. Aussi, les tests de robustesse de cette méthode ont confirmé que la logique floue associée avec des méthodes non linéaires donne plus de robustesse au système vis-à-vis des changements des paramètres physiques de la MADA (paramètres R_s, R_r, L_r, f, J).

Afin de situer ce modeste travail, nous avons pensé à comparer les résultats obtenus avec d'autres techniques de contrôle. Ce point fera l'objet du chapitre suivant.

CHAPITRE 4 : COMPARAISON DE LA COMMANDE PASSIVE AVEC D'AUTRES COMMANDES

IV.1 Introduction

Ce chapitre est dédié à une étude comparative entre les résultats obtenus avec d'autres travaux de recherche récents de la communauté automaticienne.

IV.2 Comparaison avec la commande adaptative utilisant un régulateur floue

La commande présentée par [Nem-04] a été comparé avec la PBC en utilisant les mêmes références et paramètres de la machine MADA. En comparant les deux méthodes, il ressort que le contrôleur PBC présente de meilleures performances notamment un bon rejet total de la perturbation et du couple résistant de 10 Nm appliqué à 0.5 s, un bon suivi de vitesse de référence et une réduction très claire des fluctuations de démarrage comme l'indiquent les figures 4.1 et 4.2. Cependant, le temps de réponse de la vitesse de rotation présenté dans [Nem-04] est un peu rapide que celui de la commande passive comme (figure 4.1).

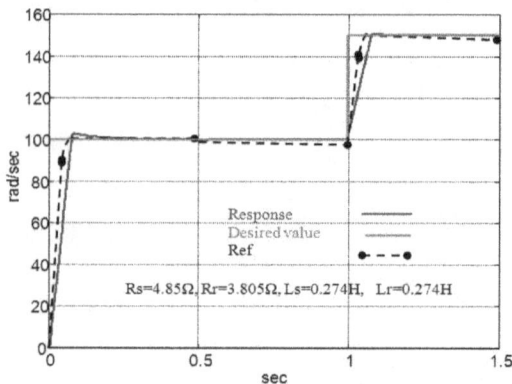

Figure 4.1 : Vitesse de rotation

106

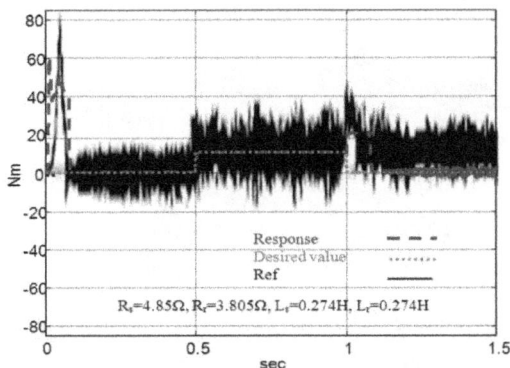

Figure 4.2 : Couple électromagnétique

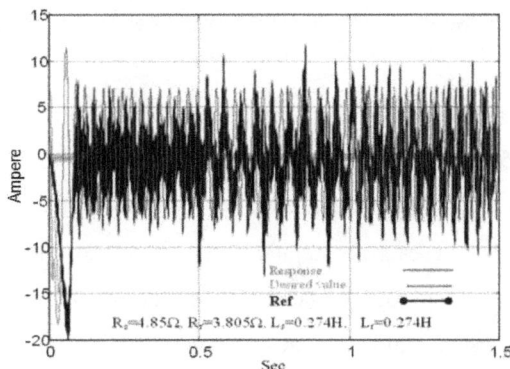

Figure 4.3 : Courant rotorique de la phase A

IV.3 Comparaison de la commande passive avec la commande RST

La structure RST est une structure généralisée incorporant trois polynômes R, S et T. Les différents coefficients des polynômes sont déterminés via une résolution des équations de Bezout [LAN-96] en tenant compte des performances souhaités.

107

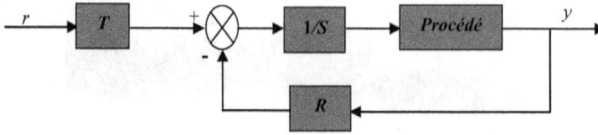

Figure 4.4 : Structure RST

En appliquant les mêmes tests que ceux utilisés par [AKK-08] à notre procédé nous avons relevés les résultats explicités par les figurent qui suivent. Ces dernières concernent la vitesse de rotation, le couple électromagnétique et le courant statorique de la MADA. La vitesse de référence est 157 rad /s et le couple résistant de 10 Nm est appliqué à t =1.5s.

On remarque que le suivi des trajectoires est bien établi par les réponses de la MADA (figures 4.5, 4.6 et 4.7). Le temps de réponse (t_r=0.3s) a été réduit de 50% par rapport à celui de [AKK-08] (zone entourée 1). Le rejet de perturbation a été également amélioré ; il est très rapide (zone entourée 2). Le pic du couple électromagnétique au démarrage de la MADA est de 60 Nm comparativement à la commande RST qui est de 100 Nm (zone entourée 3).

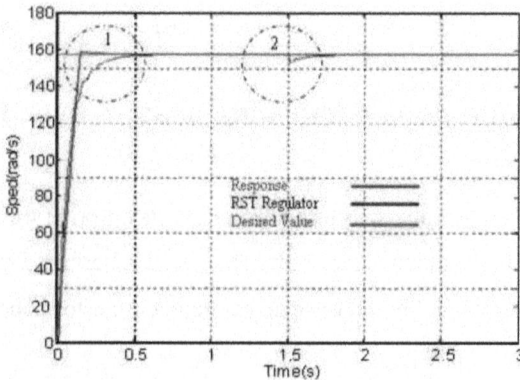

Figure 4.5 : Vitesse de rotation utilisant PBC+PID

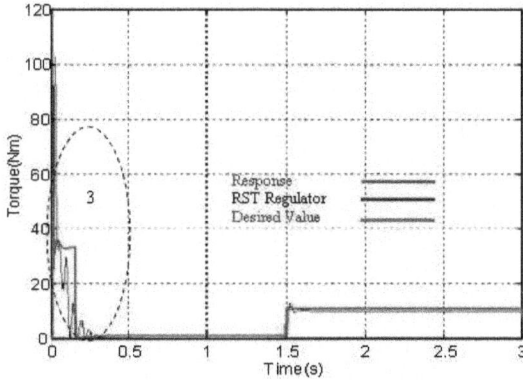

Figure 4.6 : Couple électromagnétique utilisant PBC+PID

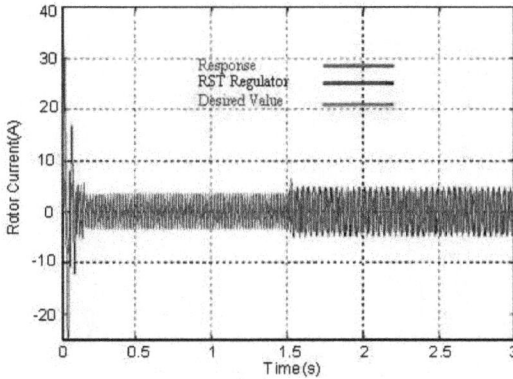

Figure 4.7 : Courant statorique utilisant PBC+PID

La robustesse de la structure étudiée a fait l'objet de plusieurs tests. Les figures suivantes montrent les résultats de simulation obtenus pour la variation de la vitesse selon les valeurs suivantes: [Réf = 157 rad/s vers 130 rad/s à t=1.5s ensuite 157 rad/s à t=2.5s), avec une perturbation de couple de 10 Nm appliquée à t=1s.

Les réponses de la vitesse de rotation, couple électromagnétique et le courant statorique de la MADA (figures 4.8, 4.9 et 4.10) sont nettement plus meilleures pour la PBC que celle de la commande RST. Les zones entourées en pointillés (zones 4 à 11) illustrent bien cette différence.

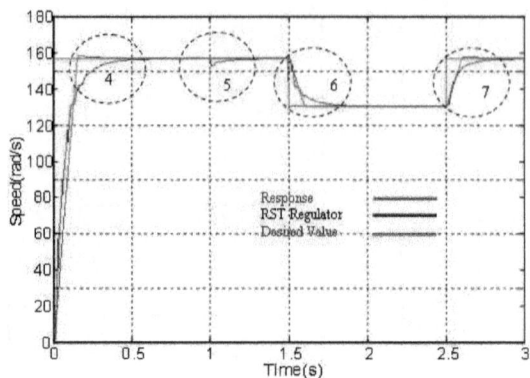

Figure 4.8 : Vitesse de rotation avec variation de référence

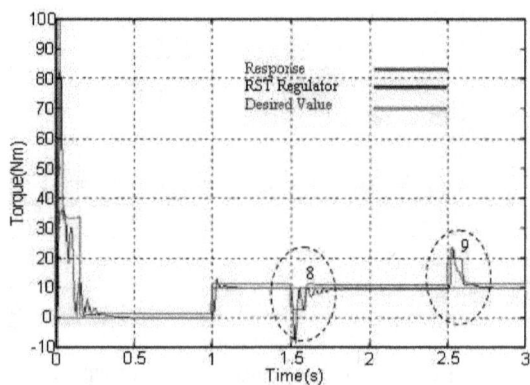

Figure 4.9 : Couple électromagnétique avec variation de références

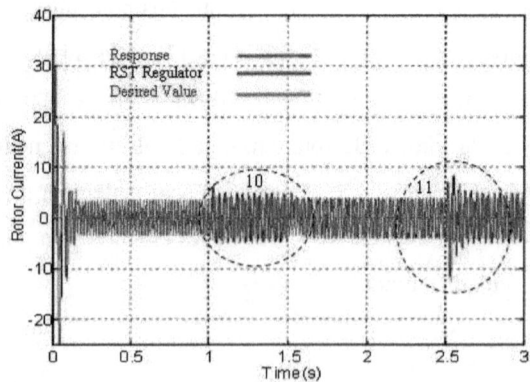

Figure 4.10 : Courant statorique acevc variation de référence

110

IV.4 Conclusion

Ce chapitre a fait l'objet d'une comparaison de la commande PBC avec deux structures de commandes : la commande adaptative utilisant un régulateur floue et la commande RST.

Il ressort de cette comparaison que la structure PBC présente de loin des avantages non négligeables. Parmi ces avantages on peut citer la réduction des fluctuations du couple au démarrage de la machine, et également une diminution des pics de courants aux moments des changements des références. Cela permet d'une part une réalisation de la PBC à faible coût en la comparant avec les autres commandes, et d'autre part une implantation sécurisée des composants électroniques dans les circuits des convertisseurs

.

CONCLUSION GENERALE

Le travail de cette thèse est articulé essentiellement sur la commande de la machine asynchrone double alimentée (MADA). Le modèle d'un tel procédé est multi variable et non linéaire. La modélisation de la MADA en utilisant les lois physiques qui régissent son fonctionnement a été abordée dans le premier chapitre. Des tests en boucle ouverte ont été réalisés afin de valider le modèle par des considérations physiques telles qu'un essai à vide, en charge, inversion du sens de rotation ...etc.

Le type de commande de la MADA présenté dans cette thèse est de type non linéaire basé sur la passivité. Cette structure présente des avantages très appréciables dans le sens où elle s'applique facilement. Elle permet de faire un suivi des trajectoires tout en assurant les performances désirées.

Les résultats présentés montrent l'efficacité d'une telle commande non seulement du point de vue de la stabilité mais également par sa mise en œuvre pratique. De même nous avons mis en évidence l'invariance de la commande vis-à-vis des incertitudes ou des variations des paramètres du modèle. Des tests ont été également menés sur des variations de charges et sur le couple et montrent encore une fois l'efficacité de la passivité.

Un autre volet d'étude est d'implanter les commandes intelligentes de type flou pour l'asservissement de la vitesse en calculant en même temps le couple désiré. Au cours de notre application de la passivité sur la MADA nous avons remarqué que le retour d'état dynamique K_2 peut être appliquée soit à la tension rotorique, soit à la tension statorique au en assurant la stabilité globale au sens lyapounov. Le dernier type d'étude est l'implantation d'un retour de sortie dynamique floue qui assurent une stabilité globale en utilisant la fonction à minimiser dans le sens de lyapounov floue, cette structure donnent plus de robustesse de la machine MADA vis-à-vis les changements des paramètres physiques par rapport a une commande passive simple.

En perspective, nous proposons d'exploiter le principe de la commande PBC pour extraire un modèle basé sur la modélisation énergétique mais avec une pensée floue pour la commande de tout système électromécanique. Cela permet spécialement de bien maîtriser le contrôle de l'énergie active et réactive du réseau électrique concernant le contrôle des machines tournantes en mode moteur ou génératrice.

BIBLIOGRAPHIE

[AIS-09]   S.AISSI, L. SAIDI, R. ABDESSEMED, F. ABABSA, " *Comparative study of passivity and rst regulator applied to doubly fed induction machine (Dfim)*", Journal of Electrical Engineering & Technology Vol. 4, No. 4, pp. 521~526, (2009).

[AIS-10]   S.AISSI, L. SAIDI, R. ABDESSEMED, F. ABABSA, " *Control of doubly fed induction machine using a fuzzy passivity based regulator*", submitted to Turk J Elec Engin (2010).

[AIS-02]   S. AISSI, "*Commande de la machine asynchrone : observation de flux et planification des trajectoires*", thèse de magistère, université de Batna (2002).

[AKK-08]   N. AKKARI, A. CHAGHI AND R. ABDESSEMED, "*Study and Simulation of RST Regulator Applied to a Double Fed Induction Machine (DFIM)*" Journal of Electrical Engineering & Technology, Vol. no. 3, pp. 308-313, (2008).

[AKO-05]   ACOSTA, J., R. ORTEGA, A. ASTOLFI AND A. MAHINDRAKAR, "*Interconnection and damping assignment passivity-based control of mechanical systems with underactuation degree one*", IEEE Trans Aut. Control, Vol. 50, N° 12, pp. 1936-1955 (2005).

[BAG-99]   L. BAGHLI, "*Contribution à la commande de la machine asynchrone, utilisation de la logique floue, des réseaux de neurones et des algorithmes génétiques*", thèse de doctorat, université Henri Poincaré, Nancy, janvier (1999).

[BAR- 93]　　BARAZANE. L. "*Commande vectorielle d'un moteur asynchrone alimenté en courant*", Thèse de Magister, ENP, (1993).

[BAR- 97]　　BARKATI. S. "*Commande robuste par retour d'état d'une machine asynchrone*", Thèse magister, ELT, Alger, (1997).

[BAU-95]　　M. BAUER, "*Application de contrôleurs à logique floue pour la commande vectorielle des machines à induction: commande en vitesse et en position*", Rapport de stage ingénieur- ESIM-22 Février (1995).

[BEN-92]　　BEN-BRAHIM. L. ; KWAMURA. A. "*Digital control of induction motor current whith deadbeat response using predective state observer* ", IEEE Transactions on Power Electronics, Vol 7, N° 3, pp. 551-559, july (1992).

[BEN-94]　　BENCHAIB. A., CARAMELLE. L, "*Metric observer for inductionmotors*"*Rapport interne, laboratoire des systèmes automatiques*",Université de Picardie (1994).

[BLA- 72]　　BLASHKE. F. "*The principale of field orientation as application to the new transvecteur closed-loop control system for rotating field machines*", Siemens Review, Vol. 34, pp. 214-220, May (1972).

[BOR- 90]　　BORNE. P. "*Commande et optimisation des processus*", Collection méthodes et Techniques de l'Ingénieur, Edition Technique, (1990).

[BOU- 96]　　BOUKHOBZA. T. ; DJEMAI. M. ; Barbot. J. P. "*Nonlineaire sliding observer for systems in output and output derivative injection*" from. In : Procedings of the IFAC World Congress, Vol.E, pp.299-305.

[BOU- 98]　　BOUGHABA. A. "*Contribution à l'étude du contrôle d'une machine à induction*", Thèse magister ELT, BATNA, (1998).

115

[BUH-86]   BUHLER. H. *"Réglage Echantiollonnes : Traitement Dans l'Espace d'Etat"*, Presse Polytechnique Romandes, (1986).

[BUH-94]   BUHLER. H., *"Réglage par logique floue"*, Presses Polytechniques et Universitaires Romandes, (1994).

[BUY-91]   BUYSE. A. ; LABRIQUE. F. " *Robust positional control with an induction actuator by using a PID controller associated with field orientation* ", IEEE MELCON'91, Ljubljana, 22-24 May (1991).

[BRO-92]   G. BROWN, *"Dual cycloconverter traction drive for double fed motors"*, thèse Doctorat, Hamilton, Ontario, April (1989)

[CAR-95]   CARON. J. P. ; HAUTIER J. P. *"Modélisation et commande de la machine asynchrone"*, Editions collection science et technologie, (1995).

[CAR-04]   B. CARLES, A. DORIA-CEREZO AND R. ORTEGA, *"Power flow control of doubly-fed induction machine coupled to a flywheel"*, in Proceedings of Control Application Conference, Taiwan, (2004).

[CEC- 99]   CECATI. J. ; ROTANDALE. N. *"Torque and speed régulation of induction motors using the passivity Theory approch"*, IEEE Transaction On Industrial Electronics, Vol. 46. No.1, February (1999).

[CHA-83]   CHATELIN. J. " *Machine electrique T2"* , Dunod (1983).

[CHI-04]   CHAIBA AZEDDINE " *Commande par la logique floue de la machine asynchrone à double alimentation alimentée en tension"*, Thèse de Magistère, Université de Batna (2004).

[DEN- 90]   DENTE. J. ; FARIA. R. ; ROBYNS. B *"A low cost digital field oriented control system for in indication actuator, proceeding"*, IMACS, TC1'90, Nancy, France, (1990).

[DEM-90]   B, DEMAYA, *"Commande floue des systèmes à dynamiques complexes- Application à la commande d'un moteur thermique"*, Thèse de Docteur LAAS Toulouse - 17 Octobre (1994)

[DIT-01]   A. DITTRICH, A. STOEV, *"Comparaison of fault ride-through strategies for wind turbines with DFIM generators"*, EPE 2005 Conference, Dresden, Germany, September (2005).

[DJE- 96]   DJEMAI. M. *" Analyse et commande des sytèmes non linéaire régulièrement et singulièrement pertubés, en temps continu sous échantillonage".* Paris, Phd Thesis, Université de Paris Sud, (1996).

[DRA-95]   DRAKUNOV. S., UTKIN. V. *"Sliding mode observer. Tutorial In : IEEE Conf. on Decision and Conttrol"*, pp. 3376-3379 (1995).

[ESP- 92]   ESPINOSA. G., ORTEGA. R. *"On the contol properties of the nonlinear induction motor"*, Proceedings Congreso Anuel de l'association de Mexico de control automatico, (1992).

[ESP- 94]   ESPINOSA. G., ORTEGA. R. *"State observers are unnecessary for induction motor control"*, System and control letter, Vol. 21, No. 5, pp. 315-323, (1994).

[ESP- 95]   ESPINOSA. G., ORTEGA. R. *"An output feedback globally stable controller for induction motors"*, IEEE. Transaction on Automatic Control, Vol. 40, No.1, pp. 138-143, Jan. (1995).

[FAI- 95]   FAIDALLAH. K. *"Contribution à l'identification et à la commande vectorielle des machines asynchrone "*, Thèse de doctorat de L'NPL, France, Fév (1995).

[FIL-60]   FILLIPOVE. A. F., *"Differential equations with discontinous right–hand side"*, American Mathematic society transaction, Vol. 62 pp. 199-231. (1960).

[FOS-86]   FOSSARD. A., *"Helicopter control law based on sliding mode whith model following "*, I. J. C. vol N°3 May (1993).

[GEO-88]   GEORGE. C., SANDERS. R. *"Observers for flux estimation in induction machines"*, IEEE transaction on industry electronics, Vol. 35, N°1 pp. 85-93 fubruary (1988).

[GHO-96]   S.GHOZZI, M.GOSSA, M. BOUSSAK, A.CHAARI, M. JEMLI, *"Application de la logique floue pour la commande vectorielle des machines asynchrones"*, J.T.E.A. - p 177-182, (1996).

[GHO-01]   R.GHOSN, *"Contrôle vectoriel de la machine asynchrone à rotor bobiné à double alimentation"*, Thèse de Dotorat de l'Institut National Polytechnique de Toulouse, Octobre (2001).

[GHO-02]   R.GHOSN, C. ASMAR, M. PIETRZAK-DAVID, B. DE FORNEL, *"A MRAS sensorless speed control of a doubly fed induction machine"*, ICEM Conference (2002).

[GHN-04]   R. GHOSN, C. ASMAR, M. PIETRZAK-DAVID, B. DE FORNEL, *"On line estimation of stator resistance of a doubly induction machine by an adaptive method"*, ICEM Conference, Cracovie, Poland (2004).

[GOL-80]   GOLDSTEIN. H. *"Classical mechanics"*, Addison-Wesley, 2nd Edition, (1980).

[IBA-95]   A.IBALIDEN, *"Implantation d'un régulateur de type flou sur des commandes d'onduleurs pilotant des machines alternatives : application à la détermination des correcteurs"*, Rapport d'activités (1994-1995).

[JEL-91]   JELASSI. K. "*positionnement d'une machine asynchrone par la méthode du flux orienté* ", Thèse Doctorat de l'INPT, Toulouse, (1991).

[JEN-07]   JENG-HANN LI, TZUU-HSENG S. LI, AND CHIH-YANG CHEN, "*Design of Lyapunov function based fuzzy logic controller for a class of discrete-time systems*", International Journal of Fuzzy Systems, Vol.9, No. 1, March (2007).

[KIM-96]   KIM. KI-CHUL. "*Commande basée sur la passivité de la machine asynchrone : mise en ouevre pratique*", Thèse Doctorat, UTC, France, (1996).

[LEC-91]   D. Lecoq, PH. Lataire, "*Study of variable speed, double fed induction motor drive with both stator and rotor volatges controllable*", Conference Proceedings EPE' 91, Firenze, Vol II, pp. 337-339 (1991).

[LEM-92]   LEMAIRE. B. ; SMAIL. S. "*Reconstitution d'un flux rotorique pour la commande vectorielle des moteurs asynchrone*", Journée d'études à LILE Vol. 5, pp. 89-95, Décembre, (1992).

[LEV-99]   LEVENT. U. ; SIMMAN. A. "*A Passivity based method for induction motor control*", Departement of Electrical & Computer Engineering, University of South Carolina, pp. 19-27 ,(1999).

[LOE-85]   LOESER. F. ; SATTLER. K. "*Identification and compensation of the rotor temperature of AC drives by an observer*", IEEE Transaction on Industry Application. Vol. IA-21, N°. 6, pp. 1386-1392, décembre (1985).

[MAK-93]   MAKOTO. I. ; NOBUYUKI. M. "*Robust speed control of IM with torque feedforward control*". IEEE Transaction on Industry Electronics, vol 40, N°. 6, pp. 553-560, decembre (1993).

[MAR-93]   MARINO. R. ; PERESADA. S. "*Adapatative input-output linearizing contrôle of induction motors* ", IEEE Transaction on Automatic Control. Vol 38. N°2 pp. 208-219, february (1993).

[MEI-69]   MEISEL. J. "*Principal of electromechanical energy conversion*", MCGRAW-HILL, (1969).

[MER- 07]   MERADI. S. "Estimation des paramètres et des états de la machine asynchrone en vue de diagnostic des défaux rotorique", thèse de magistère, université de biskre (2007).

[MIL-07]   A. MILOUDI, Eid A. AL-RADADI, A. D. DRAOU, "*a Variable gain PI controller used for speed control of a direct torque neuro fuzzy controlled induction machine drive*", Turk J Elec Engin, VOL.15, NO.1 (2007).

[MON-06]   A. MONROY, AND L. ALVAREZ-ICAZA, "*Passivity Based Control of a DFIG Wind Turbine*", in Proceedings of American Control Conference, Minnesota, USA, (2006).

[NEM-01]   A. L. Nemmour, "*Contribution à la commande vectorielle de la machine asynchrone à double alimentation*", thèse de magister, Batna (2001).

[NEM-04]   A. L. NEMOURS AND R. ABDESSEMED, "*Control of doubly fed induction motor drive (DFAM) using adaptive takagi-sugeno fuzzy model based controller*", JEE, Vol. 4, N°2 (2004).

[ORT- 89]   ORTEGA. R. ; SPONG. M. W. "*Adaptive motion control of rigid robots : a tutorial*", Automatica, Vol. 25, No. pp. 877-888, (1989).

[ORT- 91]   ORTEGA. R. ; ESPINOSA. G. " *Controller design methdology for systems with physical structures : Apllication to induction motors*", proceeding. 30ᵗʰ IEEE. Conference On Decision and Control, pp. 2345-2349, Brignton, England, (1991).

[ORT- 93a]   ORTEGA. R. ; ESPINOSA. G. "*Torque of induction motor*", Automatica, Vol. 29, No. 3, pp. 621-633, (1993).

[ORT- 93b]   ORTEGA. R. ; CANADUS. C. "*Nonlinear control of induction motor : torque tracking with unknow load disturbance*", IEEE. Transaction On Automatic Control, vol. 38, N°11. PP. 1675-1680, (1993).

[ORT- 93c]   ORTEGA. R. ; ESPINOSA. G. "*Control of induction motor modelsin a fixed reference frame*", Proceeding, 32ⁿᵈ IEEE Conference on Decision and Control, San Antonio. (1993).

[ORT- 96]   ORTEGA. R. ; NICKLASSON. D. J. ; ESPINOSA. G. "*On speed control of induction motors*", Automatica, Vol. 32, pp. 455-460, (1996).

[ORT- 96]   R. ORTEGA, A. LORIA, P. J. NICKLASSON AND H. SIRA-RAMIREZ, "*Passivity-based Control of euler-lagrange systems*", Communications and Control Engineering, Springer-Verlag, Berlin, (1998).

[PIE- 92]   PIETRZAK-DAVID. M. ; DE FORNEL. B., "*Commande vectorielle du moteur asynchrone*", SEE, Journée d'études, Lille, (1992).

[PIE- 94]   PIETRZAK-DAVID. M. ; DE FORNEL. B., "*Observateurs d'états déterministes et stochastique dans la commande vectrielle d'un variateur asynchrone*", U. R. A, No. 847 au C. N. R. S. (1994).

[POI-03]   F. POITIERS, "*Etude et commande de génératrices asynchrones pour l'utilisation de l'énergie éolienne -Machine asynchrone à cage autonome Machine asynchrone à double alimentation reliée au réseau*", thèse Doctorat université de de Nantes France (2003).

[PER-98]   S. PERESADA, E. CHEKHET, I. SHAPOVAL, "*Asymptotic control of torque and unity stator side power factor of the doubly-fed induction machine*", in Proc. Intern.Conf. "Problems of Electrical Drives", pp. 81-86, Alushta, (1998).

[PER-99]   S. PERESADA, A. TILLI, AND A. TONIELLI, "*Robust output feedback control of adoubly-fed induction machine*", In IECON'99. Conference Proceedings. 25th annul conference of the IEEE Industial Electronics Soxiety (Cat. N099CH37029), pp. 1348-1354, (1999).

[POD-00]   G. PODDAR ,V. RANGANATHAN, "*Sensorless field oriented control of Doubly Fed Inverter wound rotor Induction Machine drive*" ,dans Proc.IECON'02, November 5-8, (2000).

[RAC-96]   RACHID. A. "*Systèmes de régulation*", Edition Masson, Paris, (1996)

[REH-96]   REHAHLA. S. "*Etude de la commande d'une machine asynchrone triphasé par la technique du flux orienté* ", Thése de Magister, ENP, (1996).

[ROB- 92a]   ROBYNS. B. ; GAARDIN. D ; GOREZ. R. LABRIQUE. F ; HUYSE. H. "*Asservissement de vitesse d'un actionneur asynchrone par modèle de l'actionneur et sa commande vectorielle*", Journées d'Etudes, Metz, France, 21-22 octobre (1992).

[ROB- 92b] ROBYNS. B. *"Commande numériqe des moteurs asynchrones"*, Séminaire sur les entraînements à vitesse variables, Rabat, Maroc, (1992).

[RUS-96] RUSSEL. J. ; BRIAN. J. *"A New Flux And Stator Resistance Identifier For Ac Drive System "*, IEEE Transaction on Industry Application, vol, 32, N°. 3, pp. 585-591 June (1996).

[SLO-91] SLOTINE. J., LI. W., *"Nonlineaire control analysis"*, prentice hall, (1991).

[SPO-89] SPONG. M. W. ; VIDYASAGAR. M. *"Robot dynamics and control"*, John Wiley and Sons, (1989).

[TRZ-94] TRZYNADLOWSKI. M. *"The Field Orientation Principale In Control Of Induction Motors"*, Lumer Acadimy Publication, (1994).

[TOU-92] A .TOUMI, M .B.KAMOUN, M. POLOUJADOFF, *"A Simple assessment of Doubly Fed Synchronous Machine stability using ROUTH criterio*n", dans rocICEM92, September,(1992).

[UTK-87] UTKIN. V. I., *" discontinuous control systems: state of art in theory and application"*, IFAC World Congresse, Plenary Paper, (1987).

[VAS-90] VAS. P., *"Vector control of AC machines"*, Oxford Science Publication, (1990).

[VID-87] VIDYAZAGAR. M., *"Non lineaire systeme analysis "*, Prentice-Hall, (1987).

[VID-04] P.E.VIDAL, *"Commande non linéaire d'une machine asynchrone à double alimentati"*, Thèse de doctorat, Institut National Polytechnique de Toulouse, (2004).

[VIO-07]   G. VIOLA, R. ORTEGA, R. BANAVAR AND J. ACOSTA, "*Total energy shaping control of mechanical systems:simplifying the matching equations via coordinate changes*", IEEE Trans Aut. Control, Vol.52, no.6, pp. 1093-1099 (2007).

[WEL-67]   WELLS. D. A. "*Theory And problems of lagrangian dynamics with a traitemant of euler's principales*", Schaum's Outline Series in Engineering, McGrw-Hill, (1967).

[ZAD-65]   L. A. Zadeh, "*Fuzzy sets : informations and control*", Vol.8, pp.338-353, (1965).

[ZHA-02]   Zhao, J. and B. K. Bose, "*Evaluation of membership functions for fuzzy logic controlled induction motor drive*" *Proc. Industrial Electronics Conf.*, Vol. 1, pp. 229-234, (2002).

Notations

Généralement les indices s et r indiquent respectivement les grandeurs statoriques et rotoriques. Les grandeurs estimées sont notées avec un accent circonflexe. Les grandeurs de références sont notées avec astérisque.

d-q	: Axes correspondant au référentiel lié au champ tournant .
ϕ	: Flux .
ω_s, ω_m	: Vitesse angulaire électrique statorique et rotorique.
Ω_m	: Vitesse mécanique.
C_{em}	: Couple électromagnétique.
C_r	: Couple résistant .
R_s, R_r	: Résistance d'enroulement statorique et rotorique par phase.
L_s, L_r	: Inductance cyclique statorique et rotorique par phase.
L_m	: Inductance mutuelle propre.
f	: Coefficient de frottement visqueux.
J	: Moment d'inertie .
P	: Nombre de paires de pôles .
t	: Temps.
s	: variable complexe de Laplace $(s=j\omega)$

Les autres indices sont définis dans le texte

125

Annexe A : Transformation de Park

A.1 TRANSFORMATION DE PARK D'UN SYSTEME TRIPHASE EN UN SYSTEME BIPHASE EQUIVALENT

Sur la représentation de la Figure A1, le vecteur *f.m.m.* $\vec{\varepsilon}$ est la somme vectorielle des trois vecteurs *f.m.m* $\vec{\varepsilon}_a, \vec{\varepsilon}_b, \vec{\varepsilon}_c$ portés respectivement par les trois axes $\vec{O}_a, \vec{O}_b, \vec{O}_c$. Le même vecteur $\vec{\varepsilon}$ peut être décomposé sur deux axes perpendiculaires $\vec{O}_d$ axe direct et $\vec{O}_q$ axe en quadrature en deux *f.m.m.* $\vec{\varepsilon}_d$ et $\vec{\varepsilon}_q$.

L'axe $\vec{O}_d$, habituellement appelé axe *d,* est repéré par rapport à l'axe de référence $\vec{O}_a$ à l'aide de l'angle électrique $\psi = (\vec{O}_a, \vec{O}_d)$.

Les valeurs algébrique $\vec{\varepsilon}_d$ et $\vec{\varepsilon}_q$, sont calculables par la projection de la somme $\vec{\varepsilon}_a + \vec{\varepsilon}_b + \vec{\varepsilon}_c$ respectivement sur les axes *d* et *q*, on obtient alors la relation suivante :

$$\begin{bmatrix} \varepsilon_d \\ \varepsilon_q \end{bmatrix} = \begin{bmatrix} \cos\psi & \cos(\psi - 2\pi/3) & \cos(\psi + 2\pi/3) \\ -\sin\psi & -\sin(\psi - 2\pi/3) & -\sin(\psi + 2\pi/3) \end{bmatrix} \begin{bmatrix} \varepsilon_a \\ \varepsilon_b \\ \varepsilon_c \end{bmatrix} \tag{a38}$$

Ce système d'équation n'étant pas inversible, il faut lui adjoindre une équation supplémentaire. Pour cela, on introduit ε_0 proportionnelle à la composante homopolaire des *f.m.m* quand les courants sont sinusoïdaux :

$$\varepsilon_o = K_0 [\varepsilon_a + \varepsilon_b + \varepsilon_c] \tag{a39}$$

d'où l'équation matricielle :

$$\begin{bmatrix} \varepsilon_d \\ \varepsilon_q \\ \varepsilon_o \end{bmatrix} = \begin{bmatrix} \cos\psi & \cos(\psi - 2\pi/3) & \cos(\psi + 2\pi/3) \\ -\sin\psi & -\sin(\psi - 2\pi/3) & -\sin(\psi + 2\pi/3) \\ K_0 & K_0 & K_0 \end{bmatrix} \begin{bmatrix} \varepsilon_a \\ \varepsilon_b \\ \varepsilon_c \end{bmatrix} \tag{a40}$$

$\vec{\varepsilon}_a, \vec{\varepsilon}_b$ et $\vec{\varepsilon}_c$ sont supposés engendrés respectivement par les courants I_d, I_q et I_o.

126

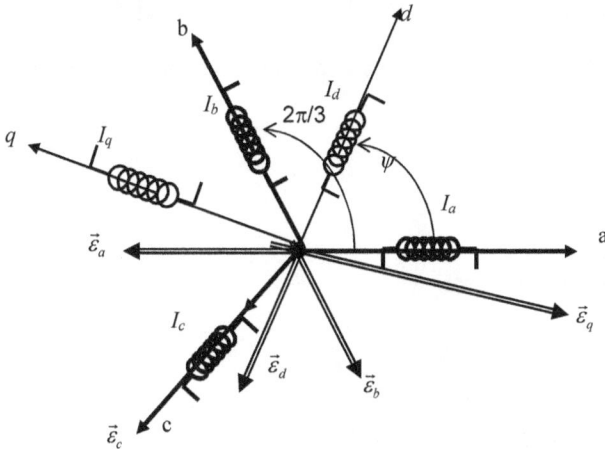

Figure A1 : Système triphasé O_{abc} et biphasé O_{dq} élaborant une même *f.m.m.*

Des coefficients de proportionnalité entre *f.m.m.* et courants sont définis (nombre fictifs de spires n_1 et de n_2) :

$$\varepsilon_a = n_1 I_a \quad ; \quad \varepsilon_b = n_1 I_b \quad ; \quad \varepsilon_c = n_1 I_c$$
$$\varepsilon_d = n_2 I_d \quad ; \quad \varepsilon_q = n_1 I_q \quad ; \quad \varepsilon_o = n_1 I_o \tag{a41}$$

par substitution, il vient :

$$\begin{bmatrix} I_d \\ I_q \\ I_o \end{bmatrix} = n_1 / n_2 \begin{bmatrix} \cos\psi & \cos(\psi - 2\pi/3) & \cos(\psi + 2\pi/3) \\ -\sin\psi & -\sin(\psi - 2\pi/3) & -\sin(\psi + 2\pi/3) \\ K_0 & K_0 & K_0 \end{bmatrix} \begin{bmatrix} I_a \\ I_b \\ I_c \end{bmatrix} \tag{a42}$$

Les systèmes de courants triphasés d'espace $I_{a,b,c}$ et diphasés d'espace $I_{d,q}$ sont déclarés équivalents lorsqu'ils créent la même force magnétomotrice d'entrefer. La composante d'indice *o* ne participe pas à cette création de sorte que l'axe homopolaire peut être choisi arbitrairement orthogonal au plan *d, q* .

A.2 TRANSFORMATION INITIALE DE PARK

n_1/n_2 et K_0, sont identifié à la composante homopolaire lorsque les courants $I_{a,b,c}$ sont sinusoïdaux :

$$I_o = I\ cos(\omega t),$$

$$I_b = I\ cos(\omega t\text{-}2\pi/3)$$

$$I_c = I\ cos(\omega t\text{+}2\pi/3) \tag{a43}$$

$$I_d = I\ cos\ (\omega t\text{-}\varPsi)$$

$$I_q = I\ sin(\omega t\text{-}\varPsi)$$

Par la transformation tri/biphasée, on tire :

$$I_d = (n_1/n_2)(3/2)I\cos(\omega t - \psi) \tag{a44}$$

et on déduit par identification :

$$\frac{n_1}{n_2} = \frac{2}{3} \tag{a45}$$

$$K_0 = \frac{1}{2} \tag{a46}$$

Les matrices de passage directe $[P_r]$ et inverse $[P_r]^{-1}$ sont ainsi définies par :

La relation explicitant les courants I_d, I_q et I_0 en fonction de leurs équivalents dans le repère (a, b, c) est donnée par :

$$[I_d, I_q, I_o]^T = [P_r][I_a, I_b, I_c]^T \tag{a47}$$

$$[I_a, I_b, I_c]^T = [P_r]^{-1}[I_d, I_q, I_o]^T \tag{a48}$$

soit encore,

$$[P_r] = 2/3 \begin{bmatrix} \cos\psi & \cos(\psi - 2\pi/3) & \cos(\psi + 2\pi/3) \\ -\sin\psi & -\sin(\psi - 2\pi/3) & -\sin(\psi + 2\pi/3) \\ 1/2 & 1/2 & 1/2 \end{bmatrix} \tag{a49}$$

$$[P_r]^{-1} = \begin{bmatrix} \cos(\psi) & -\sin(\psi) & 1 \\ \cos(\psi - 2\pi/3) & -\sin(\psi - 2\pi/3) & 1 \\ \cos(\psi + 2\pi/3) & -\sin(\psi + 2\pi/3) & 1 \end{bmatrix} \tag{a50}$$

128

Un résultat fondamental de cette transformation, appliqué au régime permanent sinusoïdale, est que, si le repère d, q tourne à la pulsation ω, alors I_d et I_q sont constants.

La même transformation permet de déterminer les flux dans les repères (a, b, c) et (d, q).

A.3 TRANSFORMATION DE PARK MODIFIEE

Cette seconde détermination des coefficients repose sur l'invariance de la puissance instantanée P_e dans les deux systèmes de représentation, ce qui, de toute évidence, conduit à leur équivalence physique

$$P_e = v_a I_a + v_b I_b + v_c I_c = v_d I_d + v_q I_q + v_o I_o \tag{a51}$$

Posons :

$$\left[x_{dqo}\right] = \begin{bmatrix} x_d \\ x_q \\ x_o \end{bmatrix} \quad et \quad \left[x_{abc}\right] = \begin{bmatrix} x_a \\ x_b \\ x_c \end{bmatrix} \tag{a52}$$

avec $x = (I, v, \phi)$ où ϕ est le flux d'induction totalisé dans l'enroulement

Soit $[P_r]$ la matrice de transformation directe, de telle sorte que :

$$[x_{dqo}] = [p_r][x_{abc}] \tag{a53}$$

Dans ces conditions, la puissance instantanée a pour expression :

$$P_e = [v_{abc}]^T [I_{abc}] = [v_{dqo}]^T [I_{dqo}] \tag{a54}$$

En explicitant les grandeurs $[x_{dqo}]$ dans le référentiel d'origine, on obtient :

$$[v_{abc}]^T [I_{abc}] = [[P_r][v_{dqo}]^T [P_r][I_{dqo}]] = [v_{abc}]^T [P_r]^T [I_{abc}] \tag{a55}$$

et $[P_r]$ doit satisfaire la relation suivante :

$$[P_r]^T [P_r] = [I] \tag{a56}$$

Ainsi la matrice de transformation $[P_r]$ doit être orthogonale puisque :

$$[P_r]^T = [P_r]^{-1} \tag{a57}$$

129

et on déduit : $n_1 / n_2 = \sqrt{\dfrac{2}{3}}$; $K_0 = 1/\sqrt{2}$

d'où les matrices de passage directe et inverse P_r et P_r^{-1} :

$$[P_r] = \sqrt{2/3} \begin{bmatrix} \cos\psi & \cos(\psi - 2\pi/3) & \cos(\psi + 2\pi/3) \\ -\sin\psi & -\sin(\psi - 2\pi/3) & -\sin(\psi + 2\pi/3) \\ 1/\sqrt{2} & 1/\sqrt{2} & 1/\sqrt{2} \end{bmatrix} \qquad (a58)$$

$$[P_r]^{-1} = \sqrt{2/3} \begin{bmatrix} \cos\psi & -\sin(\psi) & 1/\sqrt{2} \\ \cos(\psi - 2\pi/3) & -\sin(\psi - 2\pi/3) & 1/\sqrt{2} \\ \cos(\psi + 2\pi/3) & -\sin(\psi + 2\pi/3) & 1/\sqrt{2} \end{bmatrix} \qquad (a59)$$

Annexe B : Paramètres de la machine

Les paramètres de la machine asynchrone double alimentée que nous avons utilisée dans nos simulations sont :

Puissance nominale	1.5 KW
Tension nominale	220 V
Rendement nominal	0.78
Facteur de puissance nominale	0.8
Vitesse nominale	1430 tr/min
Fréquence nominale	50 HZ
Courant nominal	3.46 A et 6.31 A
Résistance statorique	4.85 Ω
Résistance rotorique	3.805 Ω
Inductance cyclique statorique	0.274 H
Inductance cyclique rotorique	0.274 H
Inductance mutuelle	0.258 H
Nombre de paire de pôles	2
Moment d'inertie	0.031 $Kg.m^2$
Coefficient de frottement	0.008 $N.m.s/rd$